ulmer



Anne Baresch

# HILFE MEINE HÜHNER MÜSSEN IM STALL BLEIBEN

Auch für Wachteln

Über 50 Ideen gegen Stress und Langeweile bei Stallpflicht

# Inhalt

# Ohne euch – unvorstellbar!

Bevor wir uns ein ganzes Buch lang mit vielfältigen Beschäftigungsmöglichkeiten für unser geliebtes Federvieh auseinandersetzen, möchte ich mich von ganzem Herzen bei der wohl großartigsten Wachtel- und Hühner-Community bedanken, die ich mir wünschen kann. Gestartet bei Instagram und mittlerweile um eine WhatsApp-Gruppe erweitert, ist über die vielen Jahre des gefiederten Miteinanders etwas Einzigartiges entstanden. Und egal, ob ich euch im Wachtel-Live-Talk treffe oder ihr mir oder der Community Fragen über Instagram, WhatsApp und Co. schreibt: Es ist immer ein grandioses, herzliches, direktes Miteinander, wie ich es mir schöner nicht wünschen kann. Danke für eure Impulse zu diesem Buch. Für eure Fragen. Und vor allem vielen vielen Dank, dass ihr es seid, die die Wachtel- und Hühnerhaltung auf ein solch fantastisches Niveau gebracht habt. Jeder einzelne von euch, der sich mit diesem Thema auseinandersetzt, leistet einen wertvollen Beitrag darin, dass ursprüngliche Nutztiere geschätzt werden und ein schönes Leben leben dürfen.
Denn sie haben es verdient.

Vielen Dank.

*Eure Anne*

# Es könnte so schön sein, aber ...

Wir alle kennen es, das Bild der idyllischen Freilandhaltung. Glückliche Hühner auf einer riesigen grünen Wiese. Auch für Wachteln wird sich das oft erträumt. Doch es sind die wenigsten Fälle, in denen diese Vorstellung, dieses Idealbild realisierbar ist. Die Gründe dafür sind vielfältig.

**Hühnern fehlt der grüne Daumen**

Die Vegetation leidet bei Hühnern oft. Auch ein großzügiges Platzangebot ist dagegen meist nicht gefeit. Und so ist die grüne Idylle bald fleißig verscharrt. Im wahrsten Sinne des Wortes.

**Fressfeinde**

Eine weite grüne Wiese, wie ich sie eingangs beschrieben habe, ist vor allem auch eines: die optimale Spielwiese für alle klassischen Fressfeinde der Hühner und vor allem der deutlich kleineren Wachteln. Und so muss dieses Bild allein aus Sicht des Schutzes vor Fressfeinden verändert werden. Füchse, Greifvögel, Marder und Marderartige sowie Ratten haben es genauso einfach, an ihre Beute zu kommen, wie gegebenenfalls fremde Hunde.

**Nachbarn**

Da die meisten Hühner wahrlich sportlich sind, lieben sie es, ihre Umgebung zu erkunden. Die wenigsten Nachbarn finden es erfreulich, wenn auch ihr gepflegter Rasen zum nächsten Staubbad umgearbeitet wird.

**Seuchen**

Es kann auch dazu kommen, dass es von den Behörden aufgrund des Seuchenschutzes über Wochen oder Monate schlicht verboten wird, Geflügel wie Hühner, Wachteln, aber auch Enten, Gänse und Co. frei zu halten. Das bekannteste Beispiel ist sicherlich der Schutz vor Vogelgrippe. Sowohl die Dauer als auch die Häufigkeit sind hier nicht zu unterschätzen: Erfahrungsgemäß neigen Regionen mit mehr industrieller Geflügelhaltung eher zu solchen Vorfällen. Auch wenn Wachteln in der Regel ohnehin in Volieren gehalten werden (da sie nicht standorttreu sind), hat das Thema auch für sie Relevanz. Denn viele Volieren sind nicht seuchenschutzkonform.

Bevor wir dazu kommen uns anzuschauen, was eine artgerechte Alternative zum idyllischen Bild der Freilandhaltung sein könnte und wie ich für meine Wachteln und Hühner artgerechte Fütterung, Köpfchenarbeit, Spaß, Bewegung und Sicherheit optimal kombinieren kann, widmen wir uns der vielseitigen Gründe für die Notwendigkeit, die Tiere in Stall und Voliere zu lassen. Und wir schauen, was diese Maßnahme mit den Hühnern und Wachteln macht.

# Heute kein Ausgang! Warum das denn?

# 24/7 im Stall – ist das nicht Tierquälerei?

Wir alle haben aus der konventionellen Haltung diverse Negativbeispiele im Kopf, wie wenig Platz die meisten Wachteln und Hühner leider ihr ganzes Leben lang haben. Wusstet ihr, dass ein Huhn im industriellen Zusammenhang die Fläche eines DIN-A4-Blattes zur Verfügung hat? Und dass in vielen Ländern Wachteln mit bis zu 52 Tieren pro Quadratmeter gehalten werden? Und dass bei ihnen sogar in der Biohaltung anteilig Gitterböden erlaubt sind? Grund genug, dass unsere Hühner und Wachteln so viel Platz wie möglich bekommen sollen … Oder? Ist das wirklich immer gut?

## MANCHMAL HAT MAN KEINE WAHL

Fakt ist: Zu einer artgerechten Haltung gehört ein naturnaher Ansatz, bei dem die Tiere auch Erde unter den Füßen spüren und sich den Wind ums Schnäbelchen wehen lassen dürfen. Aber bei einer verordneten Stallpflicht, die vornehmlich im Seuchenfall eintreten kann, kann euch beziehungsweise eurem Geflügel dies verboten werden. Und eine Einstallungspflicht ist nicht optional, sondern verpflichtend. Ein Verstoß kann mit sensiblen Geldstrafen geahndet werden. Und: Ihr müsst euch selbst darüber informieren! Das gehört zu euren Verpflichtungen als Geflügelhalter und Halterin. In der Regel werden solche Informationen bei der Gemeinde ausgehängt.

Wenn es also Zeiten geben kann, in denen unseren Tieren der Auslauf verboten oder stark eingeschränkt wird, so müssen wir als Halter und Halterinnen uns wenigstens Gedanken darüber machen, wie wir eine solche Zeit kreativ und abwechslungsreich überbrücken können. Und genau das tun wir in diesem Buch!

Bei Wachteln haben wir übrigens die Situation, dass sie artbedingt dauerhaft in Ställen oder Volieren leben. Für Wachtelhalter und -halterinnen sind spannende Gestaltungen und Beschäftigungsmöglichkeiten also ein immer aktuelles Thema.

## WEITERE GRÜNDE FÜR DEN AUFENTHALT IM STALL

24/7 im Stall wird aber nicht nur bei einer auferlegten Stallpflicht zum Thema. Auch das Wetter kann die Hühner dazu bringen, freiwillig viel – wirklich viel! – Zeit im Stall zu verbringen. Vor allem bei ergiebigem Regen und starkem Wind fühlen sich die meisten Hühner draußen nicht sonderlich wohl und gehen aus freien Stücken in den Stall. Besonders „fluffige“ Hühner, wie seidenfiedrige Rassen, besitzen ein Gefieder, was kaum noch einen

Mit spannenden Gestaltungsideen fällt einem die (Stall-)Decke nicht so schnell auf den Kopf.

natürlichen Schutz gegen Regen und Feuchtigkeit bietet. Solche Rassen müssen gezielt vor schlechten Wetterlagen geschützt werden. Einige Hühner mögen auch prinzipiell keinen Schnee. In diesen Fällen des freiwilligen Aufenthalts im Stall gilt wie bei der Stallpflicht: Lasst uns für die Tiere Wohlfühlen und Beschäftigung kombinieren!

Hatschi-Huhn? Kranke Tiere müssen zeitweise unter Quarantäne gestellt werden, und die ist meist ohne Freilauf, damit der Genesungsprozess forciert werden kann. Zugegeben: Bei kranken Tieren ist die Genesung wichtiger als die Beschäftigung. Aber auch für ein starkes Immunsystem habe ich einige Tipps in diesem Buch.

Und außerdem sollten neue Tiere nach Ankunft zunächst vorsorglich in Quarantäne, damit Vorerkrankungen ausgeschlossen werden können und der alte Bestand nicht gefährdet wird. Für neue Tiere, die in temporärer Quarantäne sind, ist eine artgerechte Beschäftigung enorm wichtig.

Wenn schon Stallpflicht –
dann bitte in einem naturnah
gestalteten Zuhause.

# Einstallungspflicht: wenn der Stall zum Muss wird

Die Einstallungspflicht – oder kurz Stallpflicht – für Hühner und anderes Hausgeflügel ist eine vorbeugende Maßnahme, die in der Landwirtschaft ergriffen wird, um die Verbreitung von ansteckenden Geflügelkrankheiten zu verhindern. Insbesondere während Ausbrüchen von Krankheiten wie der Vogelgrippe können lokale oder nationale Behörden die Stallpflicht für Hühner anordnen. Dieser Stallpflicht unterliegen dann auch Hühner der privaten Hobbyhaltung unabhängig davon, wie viele Tiere gehalten werden.

Während dieser Zeit müssen die Tiere in geschlossenen Ställen oder Gehegen bleiben und dürfen diese nicht verlassen. Die Maßnahme zielt darauf ab, den Kontakt zwischen Hausgeflügel und potenziell infizierten Wildvögeln zu minimieren, da wilde Vögel oft Träger von Krankheitserregern sind. Durch die Reduzierung des Kontakts wird das Risiko einer Ausbreitung von Krankheiten in der Geflügelpopulation verringert.

Die Stallpflicht für Hühner kann für unterschiedlich lange Zeiträume gelten, bis die Gefahr einer Ansteckung abnimmt. Sie kann wenige Tage bis Monate dauern. Diese Maßnahme ist entscheidend, um die Auswirkungen von Krankheitsausbrüchen auf die Landwirtschaft zu minimieren und die Lebensmittelsicherheit zu gewährleisten. Und sie ist auch eine wichtige Maßnahme für unsere eigenen Tiere! Denn: Breitet sich die Vogelgrippe aus, kann es im schlimmsten Fall zu Keulungen kommen, die auch privat gehaltene Tiere betreffen können.

### Was ist eine Keulung?

Als Keulung wird im veterinärmedizinischen Zusammenhang das systematische Töten von Tieren bezeichnet, um die Ausbreitung einer Seuche zu verhindern. Sie kann Nutztiere und Wildtiere betreffen.

## DIE GRÖSSTE SORGE: VOGELGRIPPE

Die Vogelgrippe, oder auch Aviäre Influenza, ist eine durch Influenzaviren verursachte Krankheit, die vorwiegend Vögel betrifft. Insbesondere Geflügel, sowohl domestiziert als auch wild lebend, kann von verschiedenen Subtypen dieser Viren infiziert werden. Einige dieser Viren haben auch das Potenzial, auf den Menschen überzuspringen – wenn auch selten. Die

Subtypen H5N1 und H7N9 können in seltenen Fällen zu schweren Krankheitsverläufen beim Menschen führen. Die Übertragung erfolgt in der Regel durch direkten Kontakt mit infizierten Vögeln oder deren Ausscheidungen.

Um Ausbrüche der Vogelgrippe zu kontrollieren, werden verschiedene Maßnahmen ergriffen. Dazu gehören die Überwachung von Vogelpopulationen, das frühzeitige Erkennen von Infektionen, die Quarantäne und Tötung infizierter Tiere sowie die Entwicklung von Impfstoffen. Besonders Menschen, die beruflich mit Geflügel zu tun haben wie Geflügelzüchter und Vogelhändler, müssen besondere Vorsichtsmaßnahmen ergreifen, um sich vor einer Ansteckung zu schützen. Dazu können beispielsweise besondere Hygienemaßnahmen, Kontrollen oder Schutzkleidung zählen.

Die Vogelgrippe ist bei uns aktuell einer der häufigsten Gründe, warum eine Stallpflicht verhängt wird. Daher gibt es für sie eine eigene Geflügelpest-Verordnung. In dieser Verordnung ist genau definiert, welche Vogelarten ihr unterliegen. Unten auf der Seite findet ihr einen Auszug im Wortlaut.

Und wer jetzt denkt: Was interessieren mich Regenpfeiferartige und Co.? Tatsächlich gehören zu diesen Ordnungen Vögel, die in fast jedermanns Umfeld sind: Sehr bekannte Regenpfeiferartige sind Schnepfen, Bekassinen und Säbelschnäbler; die Lappentaucherartigen sind meist auf oder am Wasser zu finden (spätestens den Haubentaucher werden die meisten kennen). Daher gehört es zur (gesetzlichen) Vollständigkeit, sie hier zu nennen. Merke: Findest du verstorbene Piepmätze in Wasser-

## IM SINNE DER GEFLÜGELPEST-VERORDNUNG SIND:

1. gehaltene Vögel: Geflügel oder in Gefangenschaft gehaltene Vögel anderer Arten;
2. Geflügel: Hühner, Truthühner, Perlhühner, Rebhühner, Fasane, Laufvögel, Wachteln, Enten und Gänse, die in Gefangenschaft aufgezogen oder gehalten werden;
3. in Gefangenschaft gehaltene Vögel anderer Arten: andere gehaltene Vögel als das in Nummer 2 genannte Geflügel, ausgenommen Tauben;
4. Federwild: Vögel freilebender Arten, die für den menschlichen Verzehr gejagt werden;
5. Bruteier: Eier von Geflügel, die zur Bebrütung bestimmt sind;
6. Eintagsküken: weniger als 72 Stunden alte, noch nicht gefütterte Küken und weniger als 72 Stunden alte Barbarie-Enten (*Cairina moschata*) und ihre Kreuzungen, gefüttert oder nicht gefüttert;
7. Wildvogel: ein freilebender Vogel der Ordnungen Hühnervögel, Gänsevögel, Greifvögel, Eulen, Regenpfeiferartige, Lappentaucherartige oder Schreitvögel sowie ein zu wissenschaftlichen Zwecken gehaltener Vogel dieser Ordnungen

nähe, ob nun Lappentaucherartige, Schreitvögel, Enten oder Gänse, bitte nicht anfassen, vorsichtig sein und gegebenenfalls den Zuständigen informieren – die Gemeinde oder Tierärzte können hier weiterhelfen.

## BEHÖRDLICHE RICHTLINIEN EINHALTEN

Es ist wichtig, die behördlichen Richtlinien und Empfehlungen zur Vogelgrippeprävention, die von lokalen Gesundheitsbehörden und Tierärzten ausgegeben werden, zu befolgen. Die genauen Anforderungen können je nach Region variieren und sich im Laufe der Zeit auch ändern – je nach aktueller Gefährdungssituation. Daher ist es ratsam, sich regelmäßig bei den örtlichen Veterinärbehörden zu informieren, in erster Instanz sicherlich erstmal online, um aktuelle und genaue Anweisungen zu erhalten.

Bei meiner Voliere verschmelzen außen und innen zu einem naturnahen Erlebnisbereich.

## EIN LICHTBLICK: STALLPFLICHT HEISST NICHT STALL

Eine behördlich angeordnete Stallpflicht zur Verhinderung der Ausbreitung der Vogelgrippe bedeutet nicht, dass eure Hühner und Wachteln ausschließlich in einem geschlossenen Stall leben müssen. Laut der Geflügelpest-Verordnung kommen auch überdachte Volieren beziehungsweise Kaltscharrräume infrage, sodass die Tiere Zugang zu frischer Luft, Wind und (eingeschränkt) Wetter haben. Diese Räume müssen allerdings besonderen Anforderungen entsprechen. Der Kontakt zu Wildvögeln und Wildvogelkot muss unterbunden werden. Die Maschenweite darf nicht größer als 25 mm sein. An der vorgegebenen Maschenweite lässt sich bereits erkennen, dass Singvögel aktuell noch weniger als potenzielle Überträger gesehen werden. Da allerdings auch vermehrt Krähenvögel, die zu den Singvögeln gehören, nachweislich an der Vogelgrippe verstorben sind, bleibt es spannend, ob diese Einschätzung dauerhaft so bleibt. Besonders schützen sollte

## Kaltscharrräume und Volieren

Kaltscharrräume werden auch als Wintergärten bezeichnet. Es handelt sich um einen Bereich, der überdacht und engmaschig umzäunt ist. Der Boden muss aus Beton sein. Das Klima soll dem Außenklima entsprechen, aber trocken sein. Wer Wachteln hält, sieht diese Kriterien auch als elementar für eine Voliere an. Per Definition muss eine Voliere aber nicht überdacht sein und hat keine genaueren Angaben für den Boden. In unserem Geflügelalltag sind beide Begriffe aber sicherlich recht ähnlich zu verstehen.

man seine Wachteln und Hühner vor Greifvögeln, Eulen, Störchen, Sturmvögeln, Gänsevögeln und Regenpfeiferartigen und deren Kot.

### WAS KANN MAN NOCH TUN?

Auch im Alltag könnt ihr den Schutz eurer Tiere unterstützen. Hier sind einige Empfehlungen für die Prävention gegen einen Krankheitsausbruch:

**Biosecurity-Maßnahmen:** Ergreife sogenannte Biosecurity-Maßnahmen, um den Eintritt eines Virus in den Stall zu verhindern. Dazu gehören das Tragen von Schutzkleidung und -schuhen sowie das Bereitstellen von Desinfektionsstationen für Personen, die den Stall betreten. Im Alltag mit Wachteln und Hühnern lassen sich besonders Überzieher für die Schuhe und das Desinfizieren der Hände problemlos umsetzen. Der Umwelt zuliebe könnt ihr auch hervorragend mit „Stallhausschuhen“ arbeiten. So kann ebenfalls das Hineintragen von Fremdkot verhindert werden. Natürlich sollten auch die regelmäßig desinfiziert werden.

**Den Zugang beschränken:** Begrenze den Zugang zum Hühner- und Wachtelstall auf einen engen Personenkreis. Vermeide den Zutritt von Fremden oder anderen Tieren, auch von Hunden und Katzen.

**Quarantänebereiche vorsehen:** Neue Tiere sollten, übrigens nicht nur während einer Vogelgrippe-Warnung, immer erst eine Zeit lang in einem Quarantänebereich bleiben. Ich persönlich empfehle etwa zwei Wochen. Bei gesundheitlichen Problemen sollte die Quarantäne bis zur vollständigen Genesung beibehalten werden. Während eines Seuchenfalls sollte ganz auf den Zukauf neuer Tiere verzichtet werden. Kommt es doch zu Neuzugängen, sollte der Aufenthalt im Quarantänebereich auf mindestens sechs Wochen ausgedehnt werden. Tierärztliche Untersuchungen und Abstriche sind ebenfalls zu empfehlen.

**Reinigen und desinfizieren:** Implementiere regelmäßige Reinigungs- und Desinfektionsprotokolle für deinen Stall. Dies umfasst die Reinigung von Futternäpfen, Tränken, Legenestern und anderen Ausrüstungsgegenständen. Besonders wenn du mehr als eine Voliere hast, ist es manchmal gar nicht so einfach, den Überblick zu behalten. Ein Protokoll gibt dir, besonders im Seuchenfall, mehr

Sauber muss nicht steril bedeuten: Gute Hygiene kann man auch in einem reich ausgestatteten Wachtel- und Hühnerheim realisieren.

Sicherheit. Tränken und Näpfe sollten abhängig vom Wetter täglich, mindestens aber alle zwei Tage gereinigt werden, Ausrüstungsgegenstände abhängig von der Besatzdichte mindestens einmal im Monat.

Genau hinschauen: Überwache die Gesundheit deiner Hühner und Wachteln regelmäßig auf Anzeichen von Krankheiten. Bei Verdacht auf Vogelgrippe solltest du sofort die örtlichen Veterinärbehörden informieren.

Nun haben wir die wichtigsten Gründe zusammengefasst, warum es durchaus Sinn machen kann, seine Hühner im Stall zu halten. Doch ob Fuchs oder Vogelgrippe der Grund sind: Die Haltung im Stall bedeutet immer ein limitiertes Platzangebot. Und Wachteln haben durch ihr Naturell ohnehin nicht die Möglichkeit, eine freie Wiese nutzen zu können. Schauen wir uns daher nun an, wie wir auch aus wenig Platz ein echtes Wachtel- oder Hühnerparadies machen können.

# Der Stall für Hühner und Wachteln

# So sieht der optimale Stall aus

Sowohl tierschutzrechtlich als auch vom Verständnis für die Tiere ist es unumgänglich, einen Stall als Rückzugsort anzubieten. Auch wenn Wachteln und Hühner es lieben, an der frischen Lust zu sein, so möchten sie sich doch gelegentlich zurückziehen. Gründe können Wind und Wetter sein oder einfach die persönlichen Vorlieben und natürlich der Schutz vor Fressfeinden. Besonders Hühner schlafen in der Regel gern im Stall.

Ein Stall kann unterschiedlich strukturiert sein. Es gibt durchaus auch geeignete Volieren, die einen Stall ersetzen. Oder Komplexe aus Stall- und Volierenbereich oder Stall- und Kaltscharrbereich. Der Anspruch als Schutzraum steht immer an erster Stelle.

Ein optimaler Stall ist entscheidend für das Wohlbefinden und die Gesundheit der Hühner und Wachteln. Doch wann ist der Stall überhaupt optimal für Wachteln geeignet? Und wann optimal für Hühner? Welche Rolle spielt er für diese beiden Arten?

Bei der Gestaltung eines Hühner- und Wachtelstalls müssen mehrere Faktoren berücksichtigt werden, um sicherzustellen, dass die Bedürfnisse der Tiere erfüllt sind und sie ein gesundes Umfeld haben.

## GRÖSSE UND AUFBAU

Beginnen wir mit der Größe des Stalls. Eine angemessene Fläche pro Tier ist entscheidend, um Überfüllung und stressbedingte Probleme zu vermeiden. Beispiele können hier Federpicken und andere Verhaltensanomalien oder auch Eierpicken sein. Auch gesundheitliche Probleme können bei zu wenig Platz

gefördert werden. So können sich Endo- und Ektoparasiten schneller verbreiten. Es gibt Empfehlungen von „etwa 1,2 Quadratfuß" – das sind etwa 0,11 Quadratmeter und damit etwas kleiner als ein DIN-A3-Blatt Papier – pro Huhn. Davon rate ich ab. Der Platz ist aus meiner Sicht ohnehin schon nicht ausreichend. Sollte es nun noch zu einer Einstallungspflicht kommen, ist ein solches Platzangebot völlig inakzeptabel.

Der Stall sollte auch ausreichend Platz für Futter- und Wasserstellen bieten. Aber auch Rückzugsorte, mindestens ein Sandbad und Beschäftigungsangebote sollten eingeplant werden. Bei Wachteln kommen zusätzlich Versteckmöglichkeiten und gern auch „Kuschelnestchen" hinzu, bei Hühnern Legenester und Sitzstangen.

Ein ausreichend großer, optimal ausgestatteter Stall unterstützt Gesundheit und Wohlbefinden.

Ein gut organisierter Aufbau ermöglicht eine effiziente Nutzung des Raums und erleichtert außerdem die Pflege. Letztendlich bleibt aber jeder Stall so individuell wie deine Hühner und du! Daher ist es nicht einfach, standardisierte Angaben für den Platzbedarf pro Tier zu geben. Außerdem ist die Angabe von mehreren weiteren Faktoren abhängig:

- Wie viel dauerhaft zur Verfügung stehenden Platz haben die Wachteln und Hühner zusätzlich zum eigentlichen Stall? Gibt es eine angrenzende Voliere? Oder einen Kaltscharrbereich?
- Wie homogen oder heterogen ist meine Gruppe?
- Wie oft schaffe ich es wirklich, für Abwechslung zu sorgen?

Hühner klettern gern (es gibt auch Ausnahmen: Seidenhühner sind weniger kletterbegeistert). Während häufig „nur" Sitzstangen angeboten werden, freuen sich viele Hühner über Kletterbäume, Kletterwände und Co.

Ich persönlich empfehle als Richtwert etwa 1 Quadratmeter Platz pro Huhn in Stall oder Voliere bei einer Mindestgröße von drei Quadratmetern. Bei Wachteln würde ich etwa vier Wachteln pro Quadratmeter bei einer Mindestgröße von zwei Quadratmetern empfehlen.

» Inwieweit kann die Raumhöhe mitgenutzt werden? Bei Legewachteln fällt die Höhe in der Regel als nutzbarer Raum komplett weg, da sie sich fast nur auf dem Boden aufhalten und keine begnadeten Piloten sind. Bei Hühnern hingegen kann dieser gut genutzt werden.

## BELÜFTUNG UND ISOLIERUNG

Die Belüftung ist entscheidend für die Luftqualität und Feuchtigkeit im Stall. Du solltest ausreichend Lüftungsmöglichkeiten wie Fenster, die geöffnet werden können, installieren, um eine gute Luftzirkulation zu gewährleisten. Zusätzlich kann dadurch die Staub- und Keimbelastung in der Luft verringert werden. Zur Regulierung der Feuchtigkeit ist die richtige Belüftung wichtig: Bei zu wenig Lüftung bildet sich Kondenswasser im Stall und der Stall wird (zu) feucht. Ein feuchter Stall ist besonders in der kalten Jahreszeit einer der häufigsten Gründe für diverse Erkrankungen.

Eine Isolierung kann zusätzlich angebracht werden, um die Wachteln und Hühner vor extremen Temperaturen schützen zu können. Aber beachte:

» Isolierungen sind immer auch ein willkommenes Zuhause für Mäuse, Ratten und Co.

» Hühner und Legewachteln sind in der Regel absolut winterfest, solange sie ein starkes Immunsystem haben und ohne Zug und trocken untergebracht sind.

## BELEUCHTUNG

Spätestens wer keine Voliere, sondern tatsächlich nur einen Stall hat, muss dafür sorgen, dass seine Wachteln und Hühner genügend Licht haben, auch oder gerade während einer Stallpflicht. Ich empfehle euch, unbedingt zu einer Bird Lamp aus dem Fachhandel, auch UV-Lampe genannt, zu greifen. Andere Lichtquellen werden von Hühnervögeln als flackernd wahrgenommen, bedingt durch einen zusätzlichen Zapfen auf ihrer Netzhaut.

Mit Beleuchtung meine ich explizit keine übermäßige Beleuchtung, die zum Legen stimulieren soll. Dass ist sicherlich ein großes Thema für sich, was hier keinen Platz finden kann. Für die Tiere erforderlich ist eine Beleuchtung im natürlichen Rahmen. Dabei sollte die Beleuchtungszeit dem natürlichen Tageslicht entsprechen. Eine Ausnahme ist der Winter. Da darf man durchaus die Länge der Tage künstlich verlängern. Aber in Maßen. Eine künstliche Tageslänge von zehn bis zwölf Stunden stimuliert das Immunsystem und regt noch nicht zum Legen an, sodass die natürliche Legepause im Winter eingehalten werden kann. Zusätzlich ermöglicht das längere Licht eine längere Futteraufnahme, wodurch die körpereigene Thermoregulation verbessert werden kann.

Das Huhn kümmert sich um seine Isolierung selbst, indem es regelmäßig das Gefieder putzt.

## LEGENESTER UND SITZSTANGEN

Biete deinen Hühnern genügend Legenester an, die gut zugänglich und einfach zu reinigen sind. Hühner legen ihre Eier gerne an geschützten Orten – gut platzierte Legenester fördern ein gesundes Legen. Wachteln legen ihre Eier meist wo sie gehen und stehen. Aber auch unter ihnen sind häufig Tiere, die ein kuscheliges Nestchen durchaus als Legemöglichkeit annehmen.

Sitzstangen sollten hoch genug angebracht sein, damit sich die Hühner beim Schlafen sicher fühlen. Verschieden hohe Sitzstangen ermöglichen es den Hühnern, ihre bevorzugte Höhe zu wählen. Schwere Rassen sollten unbedingt nicht allzu hohe Sitzstangen angeboten bekommen, da ihr „Abbaumen", also das Herunterfliegen von der Stange, durch das hohe Körpergewicht durchaus gesundheitsgefährdend sein kann. Bein- oder Flügelverletzungen oder frühere Arthrosen sind hier oft die Folge. Schweren Rassen können 80 bis 100 cm hohe Sitzstangen hervorragend reichen. Leichtere Rassen lieben durchaus 3 m hohe Schlafmöglichkeiten, benötigen diese aber sicherlich nicht unbedingt.

Legewachteln brauchen keine Sitzstangen, da das Aufbaumen nicht ihrem Naturell entspricht. Zierwachteln, die hingegen aufbaumen, brauchen unbedingt die Möglichkeit dazu. Hier bieten sich Äste oder Holzstangen an. Für alle Arten gilt: Sitzstangen sollten rund und splitterfrei sein.

## FUTTER- UND WASSER-VERSORGUNG

Stelle sicher, dass Futter- und Wasserschalen leicht zugänglich sind, da auch die rangniederen Tiere optimal versorgt werden sollen. Bei einer größeren Anzahl an Tieren sollten immer mehrere Futter- und Wasserstellen zur Verfügung stehen. Wenn du einen angrenzenden Volieren- oder Kaltscharrbereich hast, ist es häufig empfehlenswert, dass Wasser dort aufzustellen. So können Kleckerei und zusätzliche Feuchtigkeit im Stall vermieden werden.

Ein aufgeschnittener Kürbis ist eine leckere und freudig-aufregende Ergänzung zu den normalen Futterspendern.

Verwende generell robuste Materialien, um das Verschütten von Futter und Wasser zu minimieren, und reinige die verwendeten Gefäße regelmäßig. Die Robustheit ist weniger auf das Material, sondern mehr auf die Wertigkeit bezogen. Es gibt Tränken aus Kunststoff, die sehr leicht sind und oft nicht lange dicht bleiben. Es gibt aber auch Kunststofftränken, die ich bereits jahrelang im Einsatz habe. Wo es möglich ist, versuche ich persönlich auf plastikfreie Alternativen umzustellen. So ist mein Picktöpfchen mit Grit beispielsweise aus Ton. Die leere Tonschale kann ich später hervorragend weiterverwenden.

Ich reinige meine Tränken und Tröge etwa alle zwei Tage. Futterspender, die das pelettierte Futter enthalten, reinige ich alle zwei Wochen, bei Bedarf auch eher. Zusätzlich sollten die Gefäße in den Umständen angepassten Intervallen desinfiziert werden. Wenn die Tiere viel Platz haben, ist das seltener erforderlich als wenn sie beispielsweise bei einer Stallpflicht auf bedeutend engerem Platz zusammenleben. Man kann die Tränken und Futterspender auch aufhängen. Dadurch kann die Verschmutzung verringert werden und es wird weniger Einstreu in die Spender gescharrt.

Eine konstante Versorgung mit frischem Wasser ist ein entscheidender Faktor für die Gesundheit der Hühner. Optional kann mit Trinkwasserzusätzen gearbeitet werden, um besondere Belastungen des Immunsystems, wie es eine Stallpflicht zur Folge hat, aufzufangen.

Egal, ob klassische Legehenne oder Rassehuhn (hier ein Ayam Cemani): Hühner lieben es, draußen zu sein.

Das ist besonders sinnvoll während einer Darmkur, der Mauser, der Legeperiode oder anderer Leistungsphasen wie Krankheit oder Genesung. Ich persönlich setze vor beiden Mauserphasen und einmal im Sommer eine Calciumkur an. Dabei gebe ich den „Nutrilöffel Calciumkomplex" (Bezugsquelle auf Seite 126). Über zwei Wochen gebe ich täglich eine kleine Menge laut Packungsanweisung ins Trinkwasser. Bei suboptimaler Verfassung oder wenn ein Huhn oder eine Wachtel schwächelt, arbeite ich auch gern mit einem hochwertigen Vitamin-B-Komplex: entweder dem „Nutrilöffel Vitamin-B-Komplex" oder mit der Vitalstofflösung „Jecuplex", die auch gern von Tierärzten verwendet wird.

## SICHERHEIT UND SCHUTZ

Der Stall deiner Wachteln und Hühner muss vor Raubtieren sicher sein. Prüfe Fenster und Türen regelmäßig auf ihre Integrität. Verwende sichere Verschlusssysteme, um nächtliche Eindringlinge zu verhindern. Was häufig unterschätzt wird: Auch Mäuse und vor allem Ratten sind eine Gefahr für deine Tiere. Sie können als Hygieneschädlinge Krankheiten übertragen, zu Verletzungen führen und die Tiere massiv beunruhigen und Stress verursachen. Ratten fressen deine Wachteln auch vollständig auf und können eine ganze Voliere in kürzester Zeit leer räumen! Auch Mauswiesel sind eine Gefahr. Ich empfehle euch für die Wachtelhaltung einen robusten Volierendraht mit maximal 1 cm Maschenweite.

## FREILAUFBEREICH

Wann immer es machbar ist, sollten wir unseren Hühnern einen Freilaufbereich zur Verfügung stellen. Das ermöglicht den Hühnern, natürliches Verhalten auszuleben, zu scharren und frische Luft zu schnappen. Ein Freilaufbereich fördert die Bewegung und den Scharrapparat und trägt zum allgemeinen Wohlbefinden der Hühner bei.

Erfreulicherweise haben besonders im Hobbybereich immer mehr Hühner einen „grünen Spielplatz". Kommt es zur Stallpflicht, muss darauf nicht vollständig verzichtet werden. Denn ein Außenbereich ist auch in Zeiten der Stallpflicht unter bestimmten Voraussetzungen realisierbar (Seite 15).

## REINIGUNG

Ein leicht zu reinigender Stall ist wichtig. Sauberkeit ist entscheidend, um Krankheiten zu verhindern und ein gesundes Umfeld zu gewährleisten.

### Boden

Der Boden ist dabei ein wichtiger Punkt: Holzböden beispielsweise werden leicht zum Zuhause für Parasiten und können nicht abgeflammt werden. Auch ein Naturboden, also der vor Ort vorhandene Erdboden oder aufgeschütteter Mutterboden, ist problematisch. Im Krankheitsfall kann er nicht einfach gereinigt werden. Er müsste ausgekoffert

## Antimilbenspray

Du brauchst:
200 ml Neemöl mit Emulgator
30 Tropfen Minzöl
10 Tropfen Nelkenöl
30 Tropfen Eukalyptusöl

**Alle Zutaten mit 700 ml Wasser in eine Sprühflasche geben, gut schütteln und nach Bedarf einsetzen: vor allem in Nester, Kuschelecken und auf Sitzstangen sprühen. Ich wende das Antimilbenspray mindestens einmal die Woche an, im Sommer sogar alle zwei bis drei Tage.**

werden, was sehr aufwendig ist. Mal davon abgesehen, dass sich ohne weitere Schutzmaßnahmen Fuchs, Ratten und Co. leicht in den Stall hineingraben könnten.

Beton- oder Steinböden haben sich am meisten bewährt. Sie ergeben feste Untergründe, die gut gefegt, geschrubbt, desinfiziert und bei Bedarf sogar abgeflammt werden können.

### Nester und Sitzstangen

Sowohl Wachteln als auch Hühner sind groß darin, ihre Nester zu verschmutzen. Bei Wachteln sind mit Nestern eher Kuschelecken und gegebenenfalls Heunester gemeint, da sie keine klassischen Legenester aufsuchen. Die Nester und Kuschelecken müssen regelmäßig von Kot befreit und frisch gemacht werden. Da sich die Tiere gerne und recht lange in ihren Nestern oder Kuschelecken aufhalten, ist es zu empfehlen, hier immer auch die Vogelmilben-Prävention im Hinterkopf zu haben. Allerdings empfehle ich explizit, nicht dauerhaft mit Kieselgur herumzupudern. Diese ist lungengängig und ohnehin nur wirklich wirkungsstark bei einer sehr geringen Luftfeuchtigkeit. Ein natürliches Antimilbenspray ist auch ganz schnell und einfach selbst hergestellt.

Ich persönlich unterstütze meine Wachteln und Hühner auch mit einem pflanzlichen Antimilben-Komplex im Hauptfutter.

### Kotbrett

Kotbretter sollten im besten Fall täglich gereinigt werden. Optimal sind herausnehmbare Bretter, die man draußen mit einem kräftigen Wasserstrahl oder dem Hochdruckreiniger abspritzen kann. Achtet bei der Reinigung darauf, dass ihr nicht zu sehr staubt – das ist weder für eure Atemwege gut noch für die eurer Tiere. Am besten halten sich bei staubigen Arbeiten die Wachteln und Hühner nicht im gleichen Raum auf.

## WAS NOCH?

Der optimale Fall ist natürlich, wenn du die Möglichkeit hast, dein zukünftiges Wachtel- oder Hühnerparadies frisch zu bauen. Dann kannst du von Beginn an Aspekte in deinem Neubau integrieren, die für mögliche Stallpflichtzeiten vorsorgen und Beschäftigungsmöglichkeiten für deine Tiere vorsehen – und die dir später die Pflege einfacher machen. So kannst du gleich auf die Details achten, wie einen Stromanschluss, Haken an der Decke, Vorbereitungen für verschiedene Untergründe, Legeboxen oder separierbare Bereiche.

*Stromanschluss:* Wenn es irgendwie geht, würde ich immer empfehlen, Strom in den Stall oder die Voliere zu legen. Das macht vieles auf Dauer einfacher. So können Tränken eisfrei gehalten werden, eine Bird Lamp – generell Licht – und andere Geräte angeschlossen werden.

*Haken an der Decke* brauchst du später für diverse Zwecke: sowohl für essenzielle Dinge wie eine Bird Lamp als auch zum Aufhängen von Knabbereien, für Äste oder andere Beschäftigungsmöglichkeiten. Auch Balken an der Decke können super sein. Ich würde euch immer empfehlen, diese gut belastbar zu machen. So können später auch schwerere Dinge, wie beispielsweise ein Tannenbaum, aufgehängt werden.

Unterschiedliche Untergründe sind für Wachteln und Hühner gleichermaßen superspannend. Infrage kommen zum Beispiel: Sand, Pinienrinde, Hackschnitzel, Buchenhack, Moos, Grasnarbe und Waldboden. Ohne Abtrennung voneinander versprechen sie allerdings meist nur kurze Freude, da die unterschiedlichen Materialien schnell miteinander vermischt werden. Wer seinen Tieren gerne regelmäßig dieses Vergnügen gönnen möchte, sollte Trennungen im Bodenbereich – Leisten, Steine oder Holzstämme – einplanen. So bleiben die Einstreuvarianten voneinander getrennt und der Scharrspaß hält länger an.

## Die wichtigsten Tipps für den Stallneubau

Ich empfehle euch auf jeden Fall einen betonierten Boden oder einen Steinboden. Der ist preiswert, lässt sich gut reinigen und Räuber haben keine Chance, sich in den Stall hineinzugraben. Und ich würde die Stallhöhe so hoch planen, dass du problemlos darin stehen kannst. Das macht dir die Arbeit bedeutend leichter.

Unterschiedliche Stallbereiche können ebenso, abhängig von Stallgröße und der Anzahl der Tiere, durchaus Sinn ergeben. Für Hühner benötigt man ohnehin Legeboxen. Aber auch für Wachteln kann es schlau sein, separierbare Bereiche für mehr Abwechslung zu schaffen. So kann man auch auf eventuelle Naturbruten besser eingehen und diese abtrennen.

Wer nicht die Möglichkeit hat, neu zu bauen, kann natürlich trotzdem viele Beschäftigungshighlights im Stall anbieten. Eventuell hast du auch hier die Möglichkeit, Haken anzuschrauben? Unterschiedliche Scharrbereiche kannst du hervorragend durch Steine oder Hölzer abtrennen. Hineingelegte Wurzeln oder größere Hölzer können großartige Kletter- und Spielmöglichkeiten werden.

Dein Hühnerstall hat noch keine Legeboxen? Es gibt spezielle Legenester im Fachhandel. Die sind preislich allerdings eher im gehobenen Bereich. Eine Lösung, die in den sozialen Medien gern gelikt wird, sind halbierte und an die Wand geschraubte Autoreifen. Die eignen sich allerdings eher für Zwerghühner. Du kannst aber auch tricksen: Es gibt Futtertröge für beispielsweise Pferde, die so konzipiert sind, dass sie an die Wand geschraubt werden können. Diese sind in der Regel bedeutend günstiger und können wunderbar als Nest funktionieren.

Ich bin ein Fan der Kombination von holzigen und sandigen Einstreumaterialien, um Kotballen vorzubeugen (hier Hackschnitzel und Vogelsand).

# Bloß keine Langeweile: gesunde Beschäftigung

# Der Feind im Stall: Langeweile

Hühner und Wachteln sind ausgesprochen intelligente Tiere. Wenn Langeweile aufkommt, sind die ersten Flausen im Kopf nicht weit. Und natürlich wirkt sich der Gemütszustand immer auch auf die (mentale) Gesundheit deiner Tiere aus. Besonders der Winter ist dafür prädestiniert, da ist Langeweile schnell Programm. Aber auch im Rest des Jahres führen leider immer noch zu viele Wachteln und Hühner ein dröges Leben.

Neben der mentalen Gesundheit, die nachweislich unter Langeweile leidet, können auch körperliche Abläufe verkümmern. Ein zu wenig geforderter Bewegungsapparat kann Arthrosen fördern, die Regulierung der Körpertemperatur beeinflussen und für eine Verschlechterung einiger Stoffwechselprozesse, wie der Mauser, führen. Auch Prozesse, die normalerweise ohne aktive Unterstützung von uns Haltern ablaufen, wie die Abnutzung von Schnabel

Ein Federfüßiges Zwerghuhn inspiziert das Büfett: Auch das Innere von Maisstängeln ist beliebt. Am besten die Stängel leicht aufbrechen.

Alles an der Sonnenblume ist essbar: Besonders beliebt sind die Blütenblätter und die Kerne.

und Krallen, können durch zu wenig Aktivität vernachlässigt werden. Das ist auf den ersten Blick bereits unglücklich, bekommt bei genauerem Hinsehen aber sogar noch mehr Tiefe. Denn Krallen und Schnäbel sind nicht unbedingt einfach zu kürzen und bergen immer ein gewisses Verletzungsrisiko. Möchte man das minimieren, suchen viele Halter und Halterinnen gern den Tierarzt auf, was enormen Stress für die Wachteln und Hühner bedeutet. Und Stress wiederum beeinflusst das Immunsystem negativ. Auch muskulär können Verkümmerungen und Dysbalancen entstehen; Verspannungen und Schmerzen können die Folge sein. Besonders Tiere, die sich ohnehin nicht vollständig bewegen (einschließlich fliegen) können, neigen dazu. An dieser Stelle möchte ich kurz erwähnen, dass sich bei Wachteln und Hühnern die Lasertherapie sehr bewährt hat. Wer also ein entsprechendes Gerät zu Hause und das Knowhow hat, kann damit auch Geflügel sehr effektiv unterstützen.

Hinzu kommen soziale Aspekte. Man sagt, ein beschäftigtes Huhn ist ein Huhn, das keinen Blödsinn macht. Zum Blödsinn gehören vor allem Verhaltensweisen wie Federpicken, Aggressionen oder Eierpicken. Das gilt natürlich auch für Wachteln. Bei Wachteln kommen oft noch ein übermäßiges Auf- und Abgehen und Picken am Volierendraht hinzu. Dadurch kann der Schnabelrücken verletzt werden und anschwellen.

Durch Langeweile entstandene Verhaltensanomalien sind, sind sie erst einmal im Köpfchen deiner Tiere manifestiert, oft nicht reversibel. Haben Wachtel oder Huhn Geschmack am Eierpicken gefunden, ist es nahezu unmöglich, es ihnen wieder abzugewöhnen. Daher ist es wichtig, dass du rechtzeitig für Abwechslung sorgst.

# Lasst uns loslegen

Und so richtig kreativ werden! Als Werkzeug und Material werden wir ausschließlich mit Dingen arbeiten, die ihr euch in der Regel problemlos besorgen könnt oder ohnehin schon zu Hause habt. Besonders gern arbeiten wir mit Naturmaterialien. Die sind ökologisch großartig und es fällt kein Verpackungsmüll an. Ihr könnt sie aus dem Garten holen oder unter bestimmten Umständen auch aus Wald und Wiese entnehmen. Aber wisst ihr, was ihr von eurem Spaziergang mitbringen könnt? Und dürft? Und solltet? Ich habe über die Jahre festgestellt, dass es hier sehr viele Unsicherheiten gibt. Grund genug, sich einmal damit zu beschäftigen.

## AUS WALD UND WIESE: WAS KÖNNT IHR MITNEHMEN?

Generell könnt ihr für Hühner und Wachteln alle heimischen, ungiftigen Hölzer und Pflanzen verwenden. Egal, ob Laub-, Nadel- oder Obsthölzer. Bei Nadelhölzern solltet ihr darauf achten, dass diese stark harzen können. Harz im Gefieder ist immer zu vermeiden! Er lässt sich nicht einfach rauswaschen und kann zu Problemen und Schmerzen führen. Auch können Artgenossen danach picken oder die Wachtel oder das Huhn pickt selbst danach, um es zu entfernen, wodurch es auch im Gesichtsbereich zu Verklebungen kommen kann.

Pflanzen mit Dornen und Stacheln können ein Problem darstellen. Man liest im Internet immer wieder Aussagen wie „Das ist Natur, das kennen die!“ Jein. Natürlich gehören Dornen zur natürlichen Flora. Aber erstens sind domestizierte Tiere niemals mit ihren wilden Verwandten komplett vergleichbar und zweitens ist es eine Tatsache, dass Dornen ein Verletzungsrisiko darstellen. Ich persönlich würde meine Tiere diesem Risiko nicht aussetzen. Eine Ausnahme sind sicherlich sehr weiche und kleine Stacheln, wie sie beispielsweise Himbeeren haben. Hier entscheidet der Einzelfall.

Auch Moose können mit ein wenig Kreativität zu absoluten Highlights in eurem Stall werden! Dazu zeige ich euch später noch einige Ideen und Rezepte.

Früchte wie Kastanien, Eicheln und andere Mastbäume sind zwar für das Wild wertvolle Nahrungsquellen, für unsere Wachteln und Hühner aber nicht geeignet. Hier können sowohl Gerbstoffe als auch das Saponin Aescin und Glycoside gefährlich werden. Wohl geeignet sind allerdings die meisten heimischen Beeren. Besonders Vogelbeeren, also die Beeren der Eberesche, Holunderbeeren, Brombeeren, Blaubeeren und Co. sind echte Vitaminbomben.

## WAS DÜRFT IHR MITNEHMEN?

Der Wald ist kein rechtsfreier Raum. Auch in land- und forstwirtschaftlichen

Heidelbeeren bieten nicht nur die bekannten Früchte, sondern auch die Blüten und Blätter sind eine beliebte Leckerei.

Bereichen gibt es Gesetze und Regeln. Wenn ich auch keine abschließende Auflistung erstellen kann, so möchte ich euch doch die wichtigsten Regeln mit an die Hand geben.

» Du hast das Recht, einen Wald zu betreten. Denn das ist ein sogenanntes Jedermanns-Recht. Heißt: Du musst nicht vorher in Erfahrung bringen, wem ein Wald gehört, und diesbezüglich um Erlaubnis bitten. Unabhängig davon, ob es ein Wald in Privateigentum oder ein staatlicher Wald ist.
» Wald ist aber nicht gleich Wald. Selbiges gilt auch für Wiesen und andere Biotope. Natürlich gelten in einem Wald, der Teil eines Naturschutzgebiets ist, andere Regeln als in einem nicht weiter geschützten Wald. Besonders geschützte Gebiete

Falllaub von ungiftigen Bäumen sind eine tolle Beute vom Waldspaziergang.

können sein: Naturschutzgebiete, Naturdenkmäler (dies können sowohl kleine Bereiche oder gar einzelne Bäume als auch ganze Haine sein), Nationalparks, Landschaftsschutzgebiete, FFH-Gebiete, Biosphärenreservate oder Naturparks. In diesen Gebieten ist es fast allumfassend verboten, irgendetwas mitzunehmen. Und das aus gutem Grund.

» Bei einem „normalen" Wald ist es rechtlich so, dass du „eine Handvoll" aus dem Wald mitnehmen darfst. Egal, ob das nun eine Hand voller Moos oder Birkenzweige ist. Die Angabe „Handvoll“ ist nicht weiter definiert, sprich nicht in Gewichts- oder Volumeneinheiten präzisiert. Ausnahmen bilden hier natürlich geschützte Pflanzen. Wer also den Enzian oder den Frauenschuh fröhlich pflückt, kann rechtlich große Probleme bekommen. Auch manche Moosarten sind geschützt, so Torfmoos-Arten (*Sphagnum*), Weißmoose (*Leucobryum*) und Hainmoose (*Hylocomium*). Auch die Stechpalme (*Ilex*) ist gschützt. Das bedeutet: Am besten erst ein paar botanische Grundlagen lernen und dann die Schätze aus dem Wald mitbringen.

- Problematisch kann es werden, wenn durch das Sammeln der Handvoll Leckereien für die Wachteln und Hühner streng geschützte Tiere tangiert werden. Wer zum Beispiel schöne Schilfgräser mitnehmen möchte und dabei in die brütende Graureiherkolonie hineinstolpert, hat einen Fehler gemacht.

Auch wenn das erst einmal nach viel klingt, was es zu beachten gilt, so ist es eigentlich ganz entspannt möglich, sich im Rahmen dieser Regeln zu bewegen.

## WAS SOLLTET IHR (NICHT) MITNEHMEN?

Nun könnte man denken, dass sich das „Was sollte ich mitnehmen“ aus der Schnittmenge der ersten beiden Fragen ergibt. Das ist allerdings nur halb richtig. Denn es gibt noch einige Aspekte mehr, die ich zu beachten empfehlen möchte.

Auch wenn das Betreten eines Waldes im ersten Step ein Jedermanns-Recht ist, so bitte ich euch dringend, nicht durch die Wälder zu pirschen oder zu flanieren. Erst recht nicht mit Hund – auch nicht, wenn er noch so erzogen und lieb

Mein Trick: Sperrige Stängel wie diese Himbeerruten kannst du mit Kabelbindern zusammenbinden oder am Kletterast befestigen.

ist. Wir sind letztendlich zu Gast im Wald! Heimisch sind dort die Tiere und Pflanzen des Waldes. Und allein unsere Anwesenheit kann Wild verschrecken und zur Flucht zwingen, Angst auslösen und im schlimmsten Fall zum Tode führen. Besonders Bodenbrüter sind hier gefährdet. Es kann reichen, wenn das Fasanen- oder Rebhuhnnest zu sehr nach Mensch oder Hund riecht und die Elterntiere werden alle Eier zurücklassen. Auch wenn die Küken morgen geschlüpft wären. Auch diese leisen Tode haben Achtung und Respekt verdient und müssen daher um jeden Preis vermieden werden. Ich persönlich betreue einige Bereiche, wo es noch wilde Wachteln und Rebhühner gibt. Und jedes Jahr wieder treibt es mir die Tränen in die Augen, wenn ich Menschen sehe, die durch die Wiesen und an den Hecken entlang toben. Die meisten wissen nicht einmal, was sie da tun. Doch die Küken sterben trotzdem. Ob schon geschlüpft oder noch im Ei. Und der Rebhuhn- und Wachtelbestand hat sich in den letzten Jahrzehnten bereits um über 90 Prozent reduziert! Wenn wir diese Perlen der Natur nicht vollends verlieren wollen, gelingt das nur durch Rücksicht und einen bewussten Umgang mit ihrem Lebensraum. Und auch die Ricke nimmt ihr Rehkitz nicht mehr an, wenn dieses nach uns oder unserem Hund riecht.

Und apropos Rücksicht: Ich würde den Wildtieren auch nicht zu viele Beeren wegnehmen. Natürlich kann man sich mal ein paar Beeren pflücken, um leckere und gesunde Rezepte umzusetzen. Doch achtet darauf, dass genügend für die Wildtiere übrigbleiben. Und viele Beeren könnt ihr auch hervorragend im Garten anpflanzen: Himbeeren, Brombeeren, Heidelbeeren und andere mehr! So habt ihr die Ernte direkt im Garten und gebt den Wildvögeln sogar noch etwas zurück. Manchmal ist es ganz einfach, Hand in Hand mit der Natur zu leben.

Regelmäßige Baumschnittarbeiten, Baumfällungen, Pflegemaßnahmen und auch Sturmschäden hinterlassen uns Unmengen an Ästen, Zweigen und ganzen Bäumen. Bitte verwendet diese und verletzt keine gesunden und lebendigen Bäume. Wusstet ihr, dass Birken sogar weinen können? Nun ja, fast zumindest. Im Frühjahr „bluten" Birken an Verletzungsstellen. Das sogenannte Birkenwasser tropft oder läuft sogar aus den Wunden regelrecht heraus. Bäume versuchen, solche Verletzungen zu heilen. Und das kostet sie Kraft. Bitte nehmt Rücksicht und verzichtet auf das Schneiden frischer Bäume im Wald. Es gibt das komplette Jahr hindurch genügend Material, wofür kein Baum extra verletzt werden muss. Für Nadelbaumäste, die hervorragend zum Verstecken für eure Wachteln geeignet sind und spannende Spielmöglichkeiten für eure Hühner bieten können, gibt es eine prima Lösung, für die kein frischer Waldbaum dran glauben muss: Nadelbäume sind in Mengen übrig nach der Weihnachtszeit. Also anstatt direkt mit der Adventszeit im Wachtelstall für Weihnachtsstimmung zu sorgen, wartet lieber noch ein wenig. Unsere Wachteln und Hühner bekommen regelmäßig Anfang Januar ihren Weihnachtsbaum. Und sind auch gar nicht böse wegen der Verspätung.

Meine Eichenkonstruktion hält durch das hohe Eigengewicht (unbedingt den Test machen!). Leichtere Hölzer wie Birke lieber mit Schrauben sichern.

# Der Hühnerspielplatz

Klingt komisch? Ist aber genial! So ein Hühnerspielplatz ist weniger ein konkretes Bauprojekt, als vielmehr eine Idee, die sich in deinem Kopf fröhlich weiterentwickeln darf. Der größte Unterschied zum Wachtelspielplatz, den ich euch natürlich im weiteren Verlauf auch vorstellen werde, ist, dass Hühner unheimlich gerne aufbaumen und zugegebenermaßen in den meisten Fällen auch ein wenig entdeckungsfreudiger sind. Aber die Ideen vom Hühner- und Wachtelspielplatz können sich großartig ergänzen – natürlich mit den jeweils artspezifischen Besonderheiten wie Größe, Vorliebe oder Abneigung zum Aufbaumen, die Scharrintensität usw. Möglicherweise entwickelst du daraus ganz neue Beschäftigungsmöglichkeiten.

Hühner sind intelligent! Und schlaue Köpfchen lieben es, neue Dinge zu entdecken. Hühner wollen sich Herausforderungen stellen. Dabei hat jedes Huhn sein eigenes Tempo. Und das ist in Ordnung. Es kann nicht nur Rambos geben.

Die Idee ist, etwas zu errichten, was sich verändern kann und darf. Es kann modular gestaltet sein. Oder saisonal. Oder einfach aus dem Bauch heraus. Ich habe für unsere Hühner beispielsweise eine Grundkonstruktion aus Eichenholz in der Voliere errichtet. Dabei habe ich Stammabschnitte und starke Äste mit Rinde verwendet – das hält besonders lang der Witterung stand und sieht übrigens auch sehr schön aus. Wenn du ebenfalls mit einer Grundkonstruktion arbeiten möchtest, empfehle ich dir, ebenfalls auf witterungsbeständiges Holz wie Eiche, Buche und Lärche zu achten. Birke dagegen verwittert sehr schnell.

An diesem Eichengerüst meines Hühnerspielplatzes gibt es Ecken, die erflogen, und Ecken, die erklettert werden müssen. So kann ich die flugbegeisterten Hühner meiner Schar genauso abholen wie die, die weniger gut fliegen können oder wollen. Ab dem Frühjahr wird dieser Hühnerspielplatz von schnellwachsendem Hopfen eingerahmt. Zusätzlich biete ich saisonale Äste, Leckereien oder auch mal Gemüse an.

Ich habe dieses Konstrukt auch schon mit einer jungen Birke, mit frisch geschnittenem Wein und vielem mehr ergänzt. Der Vorteil: Du kannst alles so befestigen, dass deine Hühner nicht oder kaum darüberlaufen und so die Kotverschmutzung minimal bleibt. Immer wieder sieht man vermeintliche Influencer und Blogger, die den Hühnern Leckereien einfach auf den völlig verkoteten und schlammigen Boden schmeißen und das dann als Scharrspaß bezeichnen (oder auch die tägliche Fütterung so stattfinden lassen – es ist schlimm genug, dass das so lange „normal" war). Höchste Zeit, das in die

Hirse kann gern auch grün im Saatenstrauß angeboten werden; sie ist eine ausgesprochen beliebte Leckerei.

Schublade „Ist eklig. Machen wir nicht!" zu stecken. Denn so gerne wie Hühner scharren und entdecken, diese beiden Triebe haben nichts damit zu tun, sein Futter aus den eigenen Fäkalien essen zu müssen. Natürlich können Hühner kleine Dreckspatzen sein. So viel Hygiene ist allerdings in jeder Hobbyhaltung möglich. Sollte es zumindest.

Ein Wildkräuterstrauß zum Aufhängen: mit Brennnessel, Zitronenmelisse, Basilikum, Franzosenkraut, Herbstaster und Gräsern.

## SCHAUKELN

Topp oder Flopp? Das ist Hühnergeschmackssache! Denn tatsächlich konnte ich bei meinen Hühnern und in diversen langen Gesprächen mit anderen Hühnerhaltern feststellen, dass Hühner hier anscheinend sehr unterschiedliche Meinungen und Ansichten pflegen. Es gibt Hühner, die lieben Schaukeln sofort! Es gibt Hühner, die sind zunächst skeptisch und lieben sie dann später, und es gibt Hühner, die mit keinem Federkiel verstehen, warum um Himmels Willen man sich freiwillig auf so ein Ding setzen sollte. Zumindest für die ersten beiden Typen ist sie aber ein absolutes Highlight!

Es ist wichtig, Rundhölzer zu verwenden. Wenn Hühner ihr Gleichgewicht halten müssen, was bei einem beweglichen Untergrund schwerer ist als bei einem statischen, müssen sie mehr Griffkraft in den Füßen aufwenden. Ecken und Kanten im Holz könnten dann Druckstellen und Schmerzen verursachen.

Du brauchst:
- Ast oder Rundholz
- 2 Seile

optional:
- Holzbohrer in Seilstärke

# Holzschaukel

Bei einer einfachen Holzschaukel würde ich mit einem längeren, schwereren Stück Holz arbeiten – ich habe einen Eichenast genommen. Dieser hat einen Durchmesser von etwa 15 cm und ist so richtig schön mit Moos bewachsen. Als Länge habe ich 1 m gewählt. Ich würde Durchmesser und Länge immer dem Ast anpassen, den du gerade finden konntest. Beachte: Die Seile sollten pickfest sein, sodass deine Hühner keine Kleinteile verschlucken können.

Die Seile entweder durch zwei Bohrungen an den Astenden führen und mit einem Knoten über und unter dem Ast fixieren. Oder über einen speziellen Knoten, den sogenannten Mastwurf, mit dem Ast oder Rundholz verbinden. Nun kannst du deine neue Hühnerschaukel auch schon aufhängen.

Meine Anleitung für den Mastwurf.

# Leiterschaukel

Du brauchst:

- mehrere Rundhölzer oder Äste, Ø 6–8 cm
- 2 Seile, die Länge richtet sich nach der gewünschten Höhe deiner Leiter
- optional: Holzbohrer in Seilstärke

Leiterschaukeln sind eine Variante der Holzschaukeln. Die Äste oder Rundhölzer sollten entweder gut abgeschliffen werden oder man arbeitet wieder mit natürlich splitterfreien Ästen. Ich nehme für Leiterschaukeln zum Beispiel gerne Birkenäste; sie sind leichter als Eiche, denn bei mehreren Sprossen kommt einiges an Gewicht zusammen. Birkenäste halten zwar nicht unendlich lange der Witterung stand, aber die Hühner lieben sie und es besteht keine Gefahr des Splitterns. Durch das Eindringen von Splittern in die Füße deiner Hühner können Ballenabszesse entstehen, was so richtig schmerzhaft werden kann.

Da sich Äste in dieser Dicke schlecht bohren lassen, verwendet auch hier gern einen richtig guten Knoten. In diesem Fall eignet sich wieder der Mastwurf am besten. Der sorgt für viel Stabilität und ihr könnt trotzdem später problemlos Hölzer austauschen. Möchtet ihr lieber mit einem Bohrer arbeiten, so durchbohrt die Enden eurer Hölzer, führt das Seil hindurch und stabilisiert die Stufen eurer Leiterschaukel mit einem Knoten vor und hinter jedem Bohrloch. Die fertige Leiter aufhängen.

Mein Tipp: Achtet darauf, dass die Sprossen gerade sind. Auf schiefen Sprossen sitzen Hühner bedeutend weniger gerne.

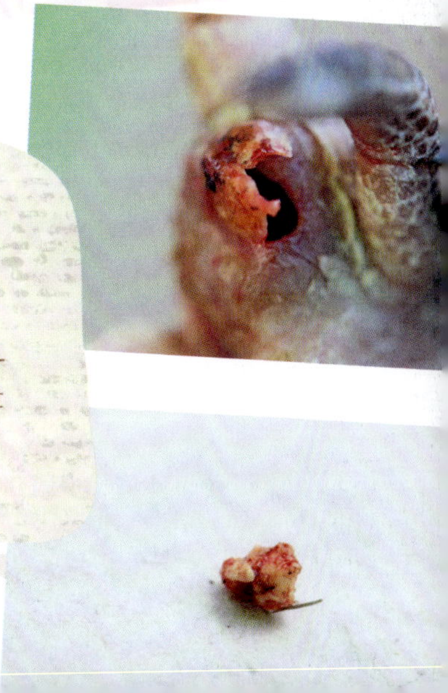

## Was ist ein Ballenabszess?

Ballenabszesse entstehen meist durch in den Fuß eingedrungene Fremdkörper. Diese entzünden und verkapseln sich. Je größer die Kapsel, desto größer der Druckschmerz. Dann hilft meist nur noch der Tierarzt.

# Reifenschaukel

Du brauchst:
- 1 Autoreifen
- 1 Seil
- 1 Aufhängung für die Leiter
- optional: Holzbohrer in Seilstärke

An ein Ende des Seils einen sogenannten Sackstich mit Tropfenform machen und dadurch eine Schlaufe bilden. Das andere Ende des Seiles erst durch den Reifen und dann durch die Schlaufe führen. Festziehen, fertig. Nun kannst du deine Reifenschaukel nach Belieben aufhängen. Beachte: Tatsächlich sind diese Schaukeln recht schwer. Das sollte bei der Aufhängung beachtet werden: Auch wenn es sicherlich kein Schwerlastdübel sein muss, so empfiehlt sich mindestens eine stabile Öse zum Eindrehen.

Das Besondere an einer Reifenschaukel ist, dass du sie hervorragend bestücken kannst und sie sich sogar als kleines Snacknäpfchen eignet. Meine Hühner lieben es, leckere Saatenmischungen darin zu entdecken oder frisch getriebenes Weizengras. So werden auch die vorsichtigsten Hühner neugierig und Spiel, Spaß, Entdecken und Naschen optimal kombiniert. Aber Achtung: Im Reifen kann sich gegebenenfalls auch Kot ablagern. Bitte achte hier auf eine gute Hygiene.

Mein Tipp: Reifenschaukeln können sogar bepflanzt werden! Und das lieben die Hühner! Da das Grün natürlich schnell verschlungen wird, empfiehlt es sich eher, Pflanzen zu recyceln, statt sie tatsächlich liebevoll anzubauen. Ich zum Beispiel pflanze gern überschüssige Kräuter oder Herbstastern, die ich ohnehin aus dem Beet hole, in den Reifen. Im Winter eignet sich auch schnellwachsendes Weizengras hervorragend.

Superschnell nachgemacht und garantiert ein Hit für deine Hühner.

Meine Anleitung für den Sackstich mit Tropfenform.

Nutze gerne die komplette Höhe des Stalls. Denn Hühner sind gern auch in höheren Bereichen unterwegs, das wird oft zu wenig beachtet.

Korkenzieher-Weide oder -Haselnuss sind für Klettergerüste prima geeignet, durch die Astwindungen finden die Hühner beim Klettern besseren Halt.

## Erweiterung in die dritte Dimension

Solche Highlights sind keinesfalls nur eine Spielerei. Zusätzlich zu den gesundheitlichen Vorteilen schaffen Klettergerüste vor allem auch eines: Sie vergrößern die nutzbare Fläche der Tiere.

### GERÜSTE ZUM KLETTERN UND ENTDECKEN

Es soll noch sportlicher werden für deine Hühner? Dann kreieren wir ihnen doch ein Gerüst! Das lässt sich besonders gut modular bauen, sodass du durch zeitweises Hinzufügen und Entfernen einzelner Elemente Spaß und abwechslungsreiche Beschäftigung bieten kannst.

# Entdeckergerüst

Hervorragend eignen sich:

- Saatensträuße
- Sonnenblumen oder Sonnenblumenköpfe
- Picktöpfchen und Pickzapfen (Rezept Seite 93)
- Salat- oder Kohlsträuße
- Kürbisse

Das Entdeckergerüst unterscheidet sich in meinem Verständnis von einem Klettergerüst durch zusätzliche Anreize, das Gerüst zu entdecken. Sprich, es darf geklettert und genascht werden! Durch die zusätzliche Motivation einer Leckerei werden die Hühner noch neugieriger und haben noch mehr Spaß an ihrem eigenen kleinen Spielplatz. Wichtig ist dabei natürlich, dass es Leckereien sind, die auch an Ort und Stelle bleiben. Schmeckerchen, die das mutigste Huhn entdeckt und hinunterschmeißt – und alle freuen sich dann darüber –, sind nicht geeignet. Das regelmäßige Positionieren von Naschereien kann sogar dazu führen, dass die Hühner das Entdeckergerüst öfter absuchen. Dadurch wird die Bewegung deiner Hühner gefördert, was wiederum für Muskeln, Gelenke, Stoffwechsel und Immunsystem super ist – und selbstverständlich auch das Gehirn auf Trab hält.

Gerüste aus Ästen können mit Kräutertöpfchen und anderen Leckereien bestückt werden. Das motiviert zum Klettern und Entdecken.

# Klettergerüst

Bei einem Klettergerüst greife ich gern zu unterschiedlichen Hölzern, Holzformen und Untergründen. All das stimuliert die Gehirne der intelligenten Tiere.

Hervorragend eignen sich:

- Schaukeln
- Leitern
- Zweige und Äste, gern auch frisch
- Taue
- Babygitter
- Stühle
- hängende Holzkisten
- ein Stangenlabyrinth

Nicht jede Blume ist für jedes Schnäbelchen bestimmt: Tunnel schützen empfindliche Pflanzen und ermöglichen Hühnern auf diese Weise mehr Freiheit.

Selbst gemachte Pickschalen, bestehend aus Fett, Körnern, Saaten und Mehlwürmern, locken aufs Entdeckergerüst.

## TUNNELSPASS

Ein Tunnel? Für Hühner? Klingt komisch, kann aber superspannend sein. Tunnel können wie Gerüste die nutzbare Fläche für die Tiere erhöhen. Und: So können sich die Hühner neue Auslaufmöglichkeiten erschließen. Dabei kannst du zu Draht greifen oder auch zu Gartenbögen, die normalerweise für Pflanzen bestimmt sind. Pflanztunnel können als Tunnelübergänge für Hühner umfunktioniert werden. So können die Hühner an den Bereichen des Gartens vorbeigeführt werden, die nicht für ihr Schnäbelchen bestimmt sind. Es gibt immer mehr Hobbyhalter, die ihre Hühner damit durch einen Teil des Gartens führen, der möglichst nicht verwüstet werden soll, hin zu dem Teil, der fleißig umgegraben werden darf. Nach einer kurzen Eingewöhnungszeit nehmen die Hühner die Tunnel in der Regel gut an. Achte darauf, dass es nicht zu eng wird, um keine Panik zu provozieren. Und besonders zu Beginn ist darauf zu achten, dass es in

Hühner lieben es zu baden, und zwar in Sand, nicht in Wasser. Und sie brauchen ihr Sandbad auch essenziell!

den Tunneln nicht dunkel ist. Sonst bleibt auch das neugierigste Huhn skeptisch. Das Material sollte also lichtdurchlässig sein.

## SANDBAD: BADEFREUDEN IM STAUB

Ein Hühnersandbad ist nicht nur ein Einrichtungselement für Hühnervolieren, sondern die Hühner pflegen mithilfe des Sandbads ihr Gefieder auf natürliche, effektive Weise. Hühner sind von Natur aus sogenannte Staubbader. Dieses Verhalten fördert das Wohlbefinden der Hühner, da es ihren natürlichen Instinkten entspricht, und es hat entscheidende hygienische Vorteile für die Vögel:

**Gefiederpflege:** Hühner verfügen über eine Drüse am Schwanzansatz, die eine ölige Substanz produziert. Diese Substanz dient dazu, das Gefieder zu schützen und zu pflegen; die Hühner verteilen sie mit dem Schnabel im ganzen Federkleid. Durch das Baden im Sand können Hühner überschüssiges Fett wiederum entfernen und somit ein gesundes, glänzendes Gefieder behalten.

**Parasiten:** Hühner sind anfällig für Parasiten wie Milben und Federlinge, die sich in ihrem Gefieder einnisten können. Das intensive Baden im Sand hilft dabei, diese Parasiten zu reduzieren und Juckreiz zu lindern. Der Sand wirkt dabei wie ein natürliches Insektizid.

Im Einzelfall kann dieser Effekt noch verstärkt werden. So kannst du beispielsweise mit Microgur oder Kieselgur arbeiten und diese ins Sandbad streuen. Da beide aber lungengängig sind, sollten sie maximal im Falle eines Befalls verwendet werden und auch nur, wenn eine gute Luftzirkulation möglich ist. Als lungengängig bezeichnet man Partikel, die über die Atemwege tief in die Lungen, bis hin zu den Lungenbläschen, eindringen können.

## Kieselgur oder Microgur?

Kieselgur wirkt nur bei einer sehr geringen Luftfeuchtigkeit. Microgur dagegen kann mit Wasser vermischt und als Farbe an die Wände gestrichen oder auch feucht versprüht werden.

**Trocknung des Gefieders:** Ein Sandbad hilft, Feuchtigkeit aus dem Gefieder zu ziehen. Feuchtes Gefieder macht anfälliger für Krankheiten – und das Sandbad hilft, dieses Risiko zu minimieren. Daher sollte das Sandbad wenn möglich immer in einem überdachten Bereich stehen. Der Ort sollte für die Hühner gut zugänglich und idealerweise halbschattig sein, um ihnen auch an heißen Tagen eine angenehme Umgebung zu bieten. Sonnige Plätze werden im Sommer oft zu warm. Schattige Plätze neigen dazu, zu feucht zu werden.

# Die klassische Sandbad-Variante: eine Grube

Grabe eine flache Grube, deren Größe von der Anzahl der Hühner abhängt, die das Sandbad nutzen werden. Ein Quadratmeter ist ein guter Mittelwert.

Du brauchst:
- Spaten oder Schaufel
- Sand oder ähnliche trockene Materialien

Fülle die Grube mit sandigem oder staubigem Material wie Vogelsand oder Holzasche. Das Beimengen von Holzasche kann die parasitäre Kontrolle verbessern, da Asche natürliche Insektizide enthält. Aber Achtung: Bitte verwende ausschließlich Holzasche von unbehandeltem Holz. Asche aus behandeltem Holz oder Kohle sind ausdrücklich nicht geeignet! Und ein Aschebad sollte immer gut belüftet sein – es eignet sich besser für eine Voliere oder einen Kaltscharrraum, nicht so sehr innerhalb des Stalls.

Budgettipp: Wer sehr leichten Boden im Garten hat, wie bei uns in der Heide, kann auch ergänzend zu leichter Gartenerde greifen. Nicht geeignet sind lehmhaltige Böden. Vogelsand kannst du übrigens auch im Baumarkt in großen Gebinden kaufen (meist eher online), oft auch plastikfrei verpackt. Bitte verwende niemals Spielsand! Der erhöhte Lehmanteil, der zum Sandkuchenbacken für die Kleinsten super ist, hat bei deinen Vögeln nichts zu suchen, da er das Gefieder und die Haut verkleben kann.

## Pflege eines Hühnersandbads

Überprüfe das Sandbad regelmäßig auf Verschmutzungen, Kot oder Parasiten. Reinige es bei Bedarf, indem du Schmutz und Kot mit einer Schaufel herausnimmst, und füge wieder frischen Sand hinzu.

Ein Sandbad im Halbschatten macht jedes Huhn glücklich.

# Die Upcycling-Variante: Sandbad im Reifen

Du brauchst:
- alter Autoreifen
- Sand oder ähnliche trockene Materialien

Wenn du keine Grube ausgraben möchtest oder einfach nicht so viel Platz hast, dann ist das auch kein Problem. Denn ich habe eine Möglichkeit für Dich, wie du schnell, einfach und ganz ohne Spaten ein Sandbad zaubern kannst.

Lege den Autoreifen an die gewünschte Stelle, drehe ihn ein wenig mit Druck, sodass er ein kleines bisschen in die Erde eingebuddelt wird. Es reichen wirklich wenige Zentimeter. Fülle den Reifen wie bei der Sandgrube beschrieben mit Sand oder ähnlich staubig-trockenem Material. Fertig ist dein Sandbad für deine Hühner.

Setze dich nun zu deinen Hühnern, schnapp dir dein Lieblingsgetränk und genieße den Anblick, wie sie ausführlich baden.
Für Wachteln funktioniert dieser Trick leider nicht, da die Reifen für die meisten zu hoch sind. Aber keine Sorge, für Wachteln gibt es andere einfache Möglichkeiten. Wer nichts selber bauen möchte, kann beispielsweise das Unterteil einer Katzentoilette oder eine flache Schale nehmen.

## Deko meets Entdeckerbad

Ihr wollt einen richtigen Hingucker? Wie wäre es mit einer Zinkbadewanne als Hühnerbad? Und wer hier noch ein Extrahighlight einbinden möchte, nimmt mehrere Zinkbadewannen und füllt diese mit unterschiedlichen Materialien wie Vogelsand, Waldboden und Holzasche. Herzlich willkommen im Traumbadezimmer eurer Hühner!

Paletten geben günstige mobile Wände ab, die mit Leckereien bestückt werden können.

### PALETTENSPASS

Wo wir gerade bei Deko meets Hühnerstall sind ... Auch Paletten sind hübsch und praktisch für eure Hühner und übrigens auch für Wachteln. Ihr könnt sie hochkant aufstellen, kippsicher befestigen und mit Kräutertöpfchen befüllen und so eine echte Knabberwand daraus machen. Bei Legewachteln nur so hoch mit Leckereien versehen, wie sie kommen (denn Legewachteln fliegen und klettern nicht), bei Hühnern über die ganze Höhe. Ihr könnt sie auch als mobiles Etagen-Beet benutzen. Sprich: Blumenkübel hineinstellen, essbare Saaten eurer Wahl wie Weizenkörner, Hirsesaaten, Salat- oder Kressesamen aussäen, alles ordentlich wachsen lassen (außerhalb des Zugriffs der Hühner!) und dann euren Tieren zum „Ernten“ hineinstellen. Ihr könnte an eurer Palette auch Haken befestigen und Knabbereien aufhängen.

## Hühner scharren

Hühner sind Weltmeister im Scharren! Daher kannst ihnen auch eine Scharrecke, wie ich sie für Wachteln auf Seite 63 vorstelle, vorbereiten. Sie werden dich dafür lieben.

1. Mais-Tipi
2. Outdoor-Legenester
3. Saatenstrauß
4. Busch
5. Gräser
6. Holzschaukel
7. Futterball
8. Picktöpfchen
9. Ringelblumen, Astern und Co. in der Reifenschaukel
10. Sandbad
11. Scharrecke
12. Stein
13. Picktöpfchen
14. ebenerdige Reifenschaukel
15. Seggen
16. Birkenast
17. frischer Ast
18. Stammabschnitte

SO KANN DER ABENTEUERSPIELPLATZ FÜR HÜHNER AUSSEHEN.

4
6
5
7
8
17
16
14
18
15

Je vielfältiger das Angebot an Verstecken, desto glücklicher die Wachteln. Wachtelhäuser kann man fertig im Zoofachhandel kaufen oder selber bauen.

# Der Wachtelspielplatz

Während Hühner meistens nur während einer Stallpflicht ausnahmslos im Stall oder in der Voliere sind, betrifft Wachteln dieses Schicksal meist ihr ganzes Leben lang. Da Wachteln nicht standorttreu sind, noch mehr Fressfeinde als Hühner haben und ein ständiges Hin- und Hertragen für sie zu stressig ist, verbringen sie ihren Alltag in ihrem Stall oder ihrer Voliere. Daher ist es an uns, ihnen ein spannendes und aufregendes Leben zu zaubern. Denn artgerecht gehaltene Wachteln, die optimal gefüttert und viel beschäftigt werden, sind glückliche Wachteln. Bei der Überlegung, welche Elemente der Wachtelspielplatz haben sollte, gibt es ein paar Dinge zu beachten.

» Höchstwahrscheinlich habt ihr Japanische Legewachteln zu Hause. Diese baumen nicht auf, das heißt, sie schlafen nicht auf dem „Baum-Ersatz" Sitzstange, sondern auf dem Boden in der Einstreu, und sie können (meistens) nicht gezielt fliegen. Anders ist das bei vielen anderen

Erhöhte Plätze in der Sonne werden gern zum Dösen benutzt. Übrigens: Wurzeln als natürliche erhöhte Elemente kann man gut selber sammeln.

Wachtelarten; diese sind aber in der Hobbyhaltung bedeutend seltener vertreten.

- Die unkoordinierten Flatterversuche deiner Wachteln erhöhen das Verletzungsrisiko. Daher müssen scharfe Kanten oder Spitzen unbedingt vermieden werden.
- Wachteln legen zwar in der Regel nicht in Nester, lieben aber kuschelige Nestchen zum Ausruhen und Wohlfühlen. Und Ausnahmen bestätigen die Regel: Manche legen auch durchaus gern ihre Eier in Nester.
- Die meisten Wachteln mögen Rampen weniger (sie können aber daran gewöhnt werden). Sie klettern aber gerne auf Wurzeln, Baumstämmen und Co. herum.
- Wachteln brauchen viele Versteckmöglichkeiten.

Für euren Wachtelspielplatz könnt ihr viele Elemente bereits fertig im Fachhandel kaufen: So eignen sich beispielsweise viele Häuschen aus dem Nagerbereich und Wurzeln aus dem Reptiliensortiment können eine schöne Bereicherung für eure Wachteln sein. Schöner ist, selbst kreativ zu werden und echte Wachtelspielplatz-Highlights selbst zu bauen, zu basteln oder aus Wald, Wiese und Garten mitzubringen.

## WURZELN

Wurzeln sind aus der Wachtelszene nicht mehr wegzudenken. Sie verschönern mittlerweile viele Volieren und Ställe und das aus gutem Grund. Sie sind witterungsbeständig und unheimlich spannend für Wachteln, sie bieten viele Möglichkeiten und es gibt sie in den unterschiedlichsten Größen: Im Garten oder im Zoofachhandel. Nehmt bitte nur

### Noch mehr Äste und Pflanzen?

Ab Seite 70 gebe ich euch jeweils viele Beispiele von Gehölzen, Blüten und Kräutern – geordnet nach Jahreszeiten –, die ihr euren Wachteln und Hühnern bedenkenlos vorsetzen könnt. Und zwar zum Spielen und Anpicken!

Wurzeln von ungiftigen Bäumen wie Obstbäumen, Birken, Erlen, Weiden, Hainbuchen, Eschen, Ulmen, Pappeln oder Ebereschen. Und ihr solltet sie vorab gut trocknen lassen, damit sich kein Schimmel bildet.

## ÄSTE UND STÄMME

Mit Ästen und Stämmen könnt ihr unheimlich vielseitige Beschäftigungen kreieren. Mit Schaukeln und Co. können eure Wachteln, im Gegensatz zu Hühnern, allerdings nichts anfangen. Meine Wachteln klettern gern über kleinere

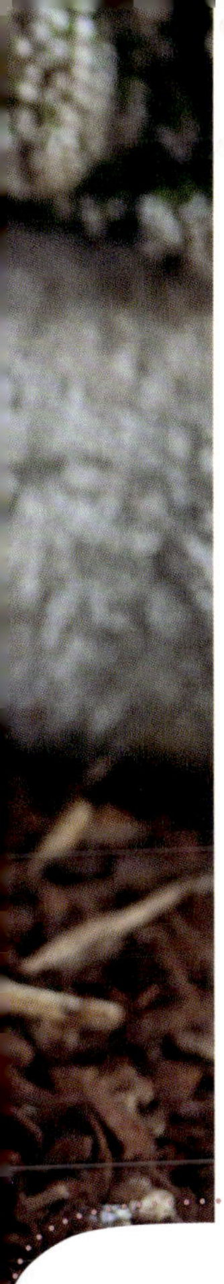

Wenn Wachteln über Äste und Stämme laufen, „putzen" sie sich dabei gleich die Füße.

Stämme und erkunden, ob ich mal wieder irgendwelche Leckereien versteckt habe. Ich arbeite in der Regel mit Stämmen mit einem Durchmesser zwischen 15 und 20 cm. Stämme mit Verästelungen oder Hohlräumen können auch mit größerem Durchmesser gut genutzt werden.

Frische Äste mit Blättern eignen sich ebenfalls hervorragend – besonders Äste, die ihre Blätter vergleichsweise lang halten, wie beispielsweise Haselnuss, Birke, Erle oder auch Obstbäume.

## Pflanzen-Tipi

**Mit Pflanzen, die im oberen Bereich üpiggen Bewuchs haben, könnt ihr hervorragend Tipis bauen. Mais eignet sich super, aber auch Weiden- oder Nadelbaumäste können zusammengebunden und aufgehängt werden. So könnt ihr ein Versteck „zum Anbeißen“ schnell und einfach selber bauen. Auch Weinranken eignen sich gut. Beim Aufhängen, im Gegensatz zum Hineinlegen in den Stall oder die Voliere, bleiben die Pflanzen länger sauber, werden nicht von Kot verunreinigt und können so nach Herzenslust angeknabbert werden.**

**Übrigens: Wachteln freuen sich auch über den „Palettenspaß“ aus dem Hühnerkapitel (Seite 55). Auch hier habt ihr den Vorteil, dass Kräutertöpfchen und Co. fern vom Boden und damit vor Verschmutzung weitgehend sicher sind.**

Wachteln sind naturgemäß Dickichtbewohner, daher lieben sie es, sich zu verstecken. Es ist für sie ein besonderes Vergnügen, wenn ihr die Äste mit den Blättern nach unten hängt oder stellt. Ein solches „Laubzelt" sorgt lange für Begeisterung und Beschäftigung.

## SCHARREN ERLAUBT!

Wachteln – und selbstverständlich auch Hühner – lieben es zu scharren. Was nicht immer unserem Anspruch an eine schöne Voliere entspricht. Denn während besonders Neulinge in der Wachtel- und Hühnerhaltung die Einstreu optisch anpassen, die Steinchen gerade hinlegen und die Blümchen liebevoll aussuchen, scharren, graben und wühlen unsere gefiederten Lieblinge alles mit viel Spaß ordentlich um. Umso mehr freuen sie sich über eine Ecke, in der genau dieses Verhalten gefördert und gefordert wird.

Gemeinsames Scharren und Wühlen ist gut für ein gesundes Sozialverhalten.

# Scharrecke

Eine separate Scharrecke kann durch eine kleine Begrenzung, zum Beispiel durch eine Kiste, einen ausrangierten Korb oder einen ausgedienten Sandkasten schnell eingerichtet werden. Und dort darf dann alles hinein, was so richtig Spaß beim Umwühlen macht.

Der Vorteil an einem solch begrenzten Scharrbereich ist, dass er einfacher sauber zu halten ist, als wenn man die Wühl-Materialien einfach kreuz und quer auf den Boden von Stall oder Voliere wirft. Durch die bessere Hygiene können auch kleine Leckereien wie Würmer versteckt werden. Und: Eure Scharrecke könnt ihr auch immer saisonal anpassen und ergänzen und so dauerhaft für Spaß und Spannung sorgen.

Hervorragend eignen sich:

- Heu
- Blätter von ungiftigen Laubbäumen wie Obstbäumen, Birken und Co., hier auch gerne Eichenlaub
- Moose
- Gräser samt Wurzeln und Erde
- Stroh
- Rindenstücke
- Hackschnitzel
- ein paar Mehlwürmchen
- einige Körner (mehr dazu unten auf der Seite)

## Körnchen für Körnchen

Welche Körnchen sind für deine Wachteln geeignet?

geschälte kleine (!) Sonnenblumenkerne
Hirse
Hanfsamen
Buchweizen
Kanariensaat
Distelsaat
Weizen
Dinkel

Quinoa
Amaranth
*„Waldlöffel"
*„Atemlöffel"
*„Keim mich! Pflanz mich! Pick mich!"

* Hierbei handelt es sich um meine eigenen Kreationen, die du entweder direkt so verwenden oder als Inspiration nutzen kannst.

Sandbaden ist für alle Wachtelarten wichtig. Dass diese Blauschuppenwachteln ihren Spaß haben, muss ich wohl nicht extra betonen, oder?

## AB IN DIE BADEWANNE

Auch Wachteln brauchen für ihre Gefiederpflege zwingend ein Sandbad. Sie lieben ausgiebige Sandbäder, gern auch in Gesellschaft ihrer Artgenossen. Wer bereits mit Vogelsand als Einstreu arbeitet, braucht kein zusätzliches Sandbad. Für Wachteln darf das Sandbad größenbedingt eine ganze Ecke kleiner sein, als es Hühner brauchen. Sehr gut eignet sich eine durch dicke Äste abgetrennte Ecke. Aber auch eine flache Schale kann leicht zum Sandbad umfunktioniert werden. Es sollte nur nicht so klein sein, dass sich die Wachteln beim Flügelschlagen verletzen. Ich empfehle mindestens 30 × 30 cm. Kieselgur und Aschebad (Seite 53) sind auch für Wachteln absolut zu empfehlen, besonders das Aschebad wird heiß und innig geliebt.
Mein Tipp: Wenn das Sandbad frisch und sauber ist, können auch kleine Leckereien darin verbuddelt werden. So fördert ihr zusätzlich den Scharrapparat und sorgt für Extraspaß.

## DO-IT-YOURSELF-VERSTECKE

Du hast keine Lust auf normale fertig gebaute Wachtel-Verstecke aus dem Nagerbereich? Kein Problem! Viele tolle Ideen kannst du auch hervorragend selbst umsetzen und damit deiner Voliere oder deinem Stall einen ganz eigenen Look geben.

**Baumrinde**
Baumrindenstücke findest du in den unterschiedlichsten Größen und Formen. Besonders stabil ist Eichenrinde. Aber auch andere Rindenarten können, sind sie erst einmal getrocknet, einzigartige Verstecke werden. Rindenstücke, die eher flach sind, können als Dächer oder Brücken genutzt werden. Bei abgelagerten Holzstücken löst sich die Rinde aber auch oft komplett ab, sodass sie als durchgehendes Stück (fast) die ganze Rundung des Stammes behält – ein perfektes Wachtelhaus oder ein spannender Tunnel.

**Hohle Steine**
Für Beete und Beeteinfassungen gibt es in Baumärkten diverse Steine, die hohl sind. Was eigentlich zur Bepflanzung gedacht ist, ergibt – anders hingelegt – auch ein großartiges Wachtelhaus. Ein Vorteil: Durch das Laufen und im besten Fall auch noch durch Scharren auf solch steinigen Untergründen unterstützt du gleichzeitig die Krallenpflege.

**Alte Körbe**
Du hast einen alten Korb, der für dein Zuhause nicht mehr geeignet ist? Wachteln lieben alte Körbe! Mit wenigen Handgriffen kannst du daraus einen perfekten Wachtel-Rückzugsort machen. Du kannst ihn beispielsweise seitlich hinlegen und mit etwas Stroh oder Heu auslegen. Oder du schraubst zwei Füße an eine Seite der Öffnung und stellst ihn dann mit der Öffnung nach unten als Versteck hin. Die Füße verhindern, dass sich eine Wachtel versehentlich selbst einsperrt und gegebenenfalls Hunger oder Durst erleiden muss.

**Blumenkübel**
Blumenkübel werden von vielen Wachtelhaltern gern zur Beschäftigung der Tiere genutzt, ich empfehle, unbedingt nur unversehrte Blumenkübel zu verwenden. Denn erstens können Bruchstellen hier durchaus eine Gefahr darstellen und zweitens können sich kleine Bruchstücke herauslösen, die im schlimmsten Fall aufgepickt werden und dann im Magen-Darm-Trakt zu erheblichen Problemen führen können.

Ein alter Stamm mit Wurzelansatz, teilweise hohl, lädt zum Klettern und Entdecken ein.

## Wachteln und Kinder

Erlaubt ist, was gefällt (und sicher ist). Da Wachteln recht unkompliziert sind, können Kinder gut beim Versteckbau mithelfen. Bei Hühnern muss man etwas umdenken, da sie alles gern von oben, kletternd und draufffliegend, erkunden. Wachteln sind hier vorsichtiger. Natürlich dürfen keine Verletzungsrisiken bestehen, wie herausschauende Nägel, Schrauben oder gefährliche Kanten. Ansonsten können Kinder gern so richtig kreativ werden. Unsere Wachteln hatten schon ein Häuschen aus Bausteinen und einen Tisch aus Kunststoff-Bausteinen. Durch ihren liebenswerten Charakter harmonieren Wachteln und Kinder hervorragend.

1. Mais-Tipi
2. Vogelbeeren
3. Wachtelhäuser und -verstecke
4. Laubhaufen
5. Saatenstrauß
6. Kräuter
7. Gräser
8. Steine
9. Sandbad
10. Birkenast
11. Keimfutter
12. Mooskugel
13. frische Beeren
14. Stammabschnitt
15. Kräutergrit
16. Picktöpfchen
17. Steine
18. Scharrecke
19. Kräutertöpfchen
20. Picktöpfchen
21. Baumstamm
22. Gemüsegirlande

SO KANN DER ABENTEUERSPIELPLATZ
FÜR WACHTELN AUSSEHEN.

# Welche Pflanzen und Äste kann ich nehmen?

Ambitionierte Hobbyhalterinnen und Hobbyhalter möchten ihren Tieren immer häufiger auch grüne, frische Highlights aus dem Garten und der Natur mitbringen und damit die natürliche Saisonalität in Stall oder Voliere einkehren lassen. Und das finde ich großartig! Denn der natürliche Ablauf der Jahreszeiten spielt für naturnah gehaltene Tiere eine enorme Rolle und hilft den domestizierten Wachteln und Hühnern dabei, natürliche Prozesse wie Mauser und Brut optimal zu durchlaufen. Um diesem Ansatz gerecht zu werden, findet ihr im folgenden Kapitel eine saisonale Übersicht, welche Pflanze ihr wann am besten anbieten könnt, und ihr erfahrt, welches euer Mitbringsel aus dem Garten auch wirklich bekömmlich ist. Damit könnt ihr sicher und beruhigt eure kreativen Ideen planen.

Frisches Grün könnt ihr euren gesunden Tieren prinzipiell täglich anbieten. Achtet aber bitte stets darauf, dass das Hauptfutter durch die vermehrte Aufnahme von Grünfutter nicht zu stark verwässert wird.

Blühende Obstbäume, hier Apfelbaumzweige, sind beliebt und lecker.

# Frühling

## BLÜTEN

Im Frühling lieben eure Wachteln und Hühner frische Obstbaumblüten. Auch Magnolienblüten sind unheimlich begehrt. Und Blüten können mehr als lecker sein und gut aussehen. Kirschblüten zum Beispiel stecken voller Vitamin C und können entzündungshemmend wirken. Für diese Leckerei legen die Tiere auch ordentlich Sportlichkeit an den Tag. Mit einem blühenden Ast könnt ihr eure Wachteln und Hühner also hervorragend beschäftigen.

## WILDKRÄUTER

Im Frühjahr freut man sich immer wieder darauf, wenn die ersten Wildkräuter endlich aus dem Boden schauen. Die ersten Frühjahrsboten sind meist Löwenzahn, Gundermann, Vogelmiere, Knoblauchsrauke, Taubnessel, Gänseblümchen und Labkraut. All diese Wildkräuter stecken voller Vitamine, Mineralstoffe und Spurenelemente. Deshalb sollten sie im Fütterungsplan eurer Lieblinge nicht fehlen. Zur optimalen Beschäftigung könnt ihr sie zu kleinen Sträußen binden und diese anbieten. Da die Wildkräuter im Frühling meist noch recht spärlich wachsen, kann man sie auch zusammen mit Moos zu Kugeln formen und dann mit Schnur fest umwickeln. So haben die Kleinen noch mehr zum Entdecken.

## ÄSTE

Haselsträucher, die gerade in das Jahr starten, sind eine besondere Leckerei. Sowohl die frischen Knospen als auch die Blütenkätzchen. Daher könnt ihr diese Äste super als Beschäftigung in Voliere oder Stall stellen oder hängen. Auch frische Birken- oder Lindentriebe können entweder den Stall bereichern oder direkt im Näpfchen landen.

Ihr möchtet noch mehr leckere Highlights aus der Natur füttern? Dann schaut doch gerne in meinem Buch „Was sucht das Huhn im Kräuterbeet?“ vorbei! Dort findet ihr leckere Rezepte, Ideen und Tipps aus der Natur.

## Den Frühling imitieren

Das Erwachen der Natur spielt für die Fauna eine große Rolle – dies sollten auch unsere Wachteln und Hühner erleben dürfen. Wenn sie das durch die Art der Haltung oder temporäre Restriktionen nicht können, sollte es imitiert werden. Entweder bringt ihr Äste, Wildkräuter und Co. zu euren Tieren oder ihr arbeitet mit Keimfutter. Keimfutter kann in den unterschiedlichsten Keimphasen angeboten werden und ihr könnt übrig gebliebenes Keimfutter hervorragend einpflanzen und die sprießenden Jungpflanzen zum Picken anbieten.

Im Frühjahr sprießen erste Wildkräuter und -blüten wie Gänseblümchen, Spitzwegerich und Vogelmiere. Kräutertöpfe aus dem Supermarkt sind auch beliebt. Und sogar ungespritzte, ungedüngte Hornveilchen (links im Bild) sind essbar. Der Frühling bietet aber auch Gefahren: Hyazinthe, Krokus, Tulpe und Winterling sind giftig für die Tiere.

# Sommer

Der Sommer bringt einen großen Wildkräuterstrauß: mit Franzosenkraut, Brennnessel, Knoblauchsrauke, Spitzwegerich, Basilikum und Vogelmiere.

Während des Sommers sind die Möglichkeiten endlos. Das solltet ihr ausnutzen, denn jetzt könnt ihr eure Lieblinge ganz besonders verwöhnen.

## BLÜTEN

Im Sommer gibt es viele essbare Blüten. Sie sind reich an Vitaminen und sekundären Pflanzenstoffen und eine echte Bereicherung. Aus unserem Bewusstsein ist das aber weitestgehend verschwunden. Für unsere Tiere sollten wir uns wieder daran erinnern. Denn über „Blumensträuße" freuen sich auch unsere gefiederten Lieblinge. Ringelblumen beispielsweise, auch als Heilpflanze bekannt, eignen sich hervorragend.

Ihr könnt also Spiel und Spaß, gesund und lecker kombinieren. Ich empfehle euch, die Sträuße so aufzuhängen, dass sie nicht den Boden berühren, damit sie nicht von Kot verunreinigt werden können.

Auch Kamille und Mohn beschäftigen eure Tiere großartig. Vor allem Kamille könnt ihr gut in einen Topf pflanzen. Eure Lieblinge werden daran gerne und lange knabbern.

Auch Kräuterblüten stehen hoch im Kurs, wie die Blüten von Minze, Basilikum, Thymian oder Oregano. Und: Ihr könnt daraus tolle Kräutersträuße binden. Oder Kräuterlianen: Umwickelt dazu Kräutertriebe einfach fest mit einer Schnur und hängt die Liane auf. So etwas könnt ihr im Sommer auch großartig trocknen und für die kälteren Monate aufbewahren.

Weiden stecken es sehr gut weg, wenn man ihnen oft Zweige abschneidet – sehr zur Freude der Wachteln und Hühner.

## WILDKRÄUTER

Wildkräuter bieten eine gigantische Vielfalt im Sommer! Und das ist für die Beschäftigung eurer Tiere Gold wert. Denn Wildkräuter lieben Wachteln und Hühner ganz besonders und ihr gesundheitlicher Mehrwert ist so groß, dass sich die Tiere dafür ordentlich ins Zeug legen. Ihr könnt damit Sträuße binden, sie an Ästen befestigen, sie aufrecht in Blumentöpfe oder Wurzeln stellen oder oder oder … Eurer Fantasie sind keine Grenzen gesetzt.

Meine Lieblingswildkräuter im Sommer sind Vogelmiere, Franzosenkraut, Löwenzahn, Spitzwegerich, wilder Majoran, Brennnessel, wilde Malve, Kamille, Minze, Kresse, Feldthymian und Knoblauchsrauke. Aus den Sommerkräutern kannst du auch fabelhaft Kräutersträuße für die kalte Jahreszeit vorbereiten und sie wie die Kräuterlianen in der sommerlichen Sonne trocknen lassen.

## ÄSTE

Eine ganz besonders großartige sommerliche Leckerei sind Äste mit Beeren daran. Um die zu erreichen, zeigen sich eure Wachteln und Hühner von der sportlichen Seite. Ihr könnt sie also hervorragend nutzen, um eure Tiere zu motivieren und zu beschäftigen. Sehr gut geeignet sind Johannisbeeren, Himbeeren, stachellose Brombeersorten, Holunderbeeren, Aroniabeeren, Vogelbeeren und so weiter. Äste von Beerensträuchern mit Dornen wie beispielsweise Weißdorn sind zu vermeiden. Die einzelnen Beeren sind natürlich super.

# Herbst

Der Herbst steht dem Sommer in nichts nach. Auch im Herbst ist der Tisch reich gedeckt. Und es macht so richtig Spaß, wenn Beschäftigung und gute Ernährung Hand in Hand gehen.

## BLÜTEN

Herbstblumen, die für Wachteln und Hühner richtig sind, sind beispielsweise Herbstastern. Durch ihre langen Stiele sind sie besonders vielseitig einsetzbar. Auf Seite 46 haben wir sie in die Reifenschaukel gepflanzt. Natürlich könnt ihr sie auch als Strauß anbieten.

Viele Kräuter wie Minze, Thymian oder Dost blühen bis in den Herbst hinein, sodass ihr diese weiterhin nutzen könnt. Auch Blüten, deren Früchte nun nicht mehr reifen würden, wie Zucchini oder Kürbis, könnt ihr jetzt anbieten. Besonders große Blüten könnt ihr an Leinen aufhängen und so eure Tiere zusätzlich mobilisieren.

## WILDKRÄUTER

Jetzt im Herbst solltet ihr die Wildkräuter, die eure Tiere schon im Sommer genießen konnten, nochmal ordentlich nutzen. Denn sie sind die beste Vorbereitung auf den kalten Winter.

Kein Wildkraut, sondern ein Küchenkraut – ein ganz tolles sogar – ist der Rosmarin. Rosmarin ist übrigens ein immergrünes Kraut. Und wird in der Regel nicht so schnell weggefuttert wie viele andere Kräuter. So könnt ihr eure Wachteln und Hühner länger beschäftigen.

## ÄSTE

Die Äste an sich sind im Herbst gar nicht so wichtig. Viel interessanter ist das, was von ihnen hinunterfällt. Denn im Herbst verspricht Laub richtig viel Spaß für den Scharrbereich eurer Wachteln und Hühner. Egal, ob pur oder mit ein paar Würmchen oder Hirse ergänzt. Damit der Scharrspaß perfekt wird, fasse ich euch meine vier wichtigsten Tipps für ein perfektes Laubbad zusammen.

- Verwende nur Laub von ungiftigen Bäumen.
- Das Laub sollte so trocken wie möglich sein.
- Halte eine gute Hygiene in deinem Laubbad, damit deine Tiere keine Kolibakterien aufnehmen.
- Getrocknete Würmchen wie Mehlwürmer oder Hermatialarven werden im Laubbad feucht. Verwende also nicht zu viele, damit diese nicht schimmeln können.

Heidekraut (sowohl *Erica* als auch *Calluna*) und Herbstastern sind nicht nur dekorativ im Herbst, sondern auch lecker.

## BEEREN

Der wohl größte Schatz der Natur im Herbst sind allerdings die Beeren. Viele Beeren, die im Sommer reifen, wie Johannisbeeren, Erdbeeren, Heidelbeeren und Co. sind schon ausgesprochen wichtig. Viele im Herbst reifende Beeren sind gleichzeitig enorm wertvoll für die Darmgesundheit und bewährt gegen Endoparasiten. Besonders zu nennen sind hier Vogelbeeren, Holunderbeeren und Brombeeren.

Aroniabeeren, Holunderbeeren und Vogelbeeren kann man im Herbst sammeln und im Dörrautomaten trocknen – als gesunden Vorrat fürs ganze Jahr.

Besonders in der Mauserzeit sind sekundäre Pflanzenstoffe aus Blütenblättern wertvoll.

# Winter

Zur Winterzeit ist die natürliche Vielfalt am geringsten, der Bedarf an Vitaminen aber hoch. Nässe und Kälte zehren extrem an den Reserven der Tiere. Auch ohne Stallpflicht bleiben bei wirklich schlechtem Wetter viele Hühner freiwillig im Stall und es guckt maximal ein Schnäbelchen heraus. Getrocknete Kräuter und Blüten sind nun die Lösung, um das Immunsystem fit zu halten und Erkrankungen vorzubeugen.

## BLÜTEN UND WILDKRÄUTER

Ob man selbst Blüten und Wildkräuter trocknet oder hochwertige Produkte aus dem Fachhandel kauft (oder beides), hängt immer auch davon ab, welche Möglichkeiten man hat – räumlich, aber auch zeitlich. Ich persönlich arbeite gerne mit den Toppings aus meinem Green Pet Shop (Bezugsquelle auf Seite 126). Aber auch eigene Zusammenstellungen aus Schwarzkümmelsamen, Spitzwegerich, Löwenzahn, Bockshornkleesamen, Rosenblütenblätter, Petersilie, Rosmarin, gemahlenen Hagebutten, Thymian, Oregano und Majoran unterstützen die Bedürfnisse eurer Tiere während der kalten Jahreszeit.

Auch selbst getrocknete Kräutersträuße aus dem Sommer (Seite 75) oder Saatensträuße bringen richtig viel Abwechslung und Beschäftigung in die Voliere oder den Stall. Saatensträuße kannst du fertig kaufen (das Selbertrocknen wäre zu aufwendig) und wie die Kräutersträuße einfach aufhängen.

Eine spannende Sache, mit ordentlich Farbe, sind Algen! Spirulina und Chlorella können den Speiseplan mit einer guten Portion Pflanzenpower ergänzen. Und wer für seine Wachteln und Hühner backen möchte: Blaue Chlorella stecken voller Nährstoffe und sind ein echter Hingucker.

## ÄSTE

Zum Glück gibt es auch im Winter Äste, die hervorragend für deine Tiere geeignet sind. Die heimischen Nadelhölzer bringen grüne Farbklekse und Abwechslung in den Stall. Achtung giftig: Bitte

Im Winter sind alle Laubbäume kahl, daher freuen sich die Tiere über in Äste gehängte Futterbälle mit frischem Grün wie Küchenkräuter oder Grünkohl.

Moose können als Platten oder – noch spannender – in Form von selbst gemachten Mooskugeln angeboten werden.

## Waldlöffel, Blütenlöffel und Saatenöl

Einige meiner Rezepte bereite ich mit meinen eigenen Futtermitteln zu; das hat sich über die Jahre sehr bewährt. Daher möchte ich sie euch an dieser Stelle von Herzen empfehlen. Ihr findet sie in meinem Green Pet Shop (Bezugsquelle auf Seite 126). Bei Fragen dazu stehe ich euch immer gerne zur Seite.

verzichtet unbedingt auf Eibe, Ilex, Efeu und Thuja.

Fichten, Kiefern, Tannen und Douglasien sind ungiftige, großartige Bäume, mit denen man so richtig kreativ werden kann. Zusammengebundene Äste können aufgehangen werden und so Verstecken und Entdecken kombinieren. Auch in die Ecken gestellt werden sie schnell zum Abenteuer. Und wie wäre es mit einem eigenen Wachtel- oder Hühnerweihnachtsbaum? Und dafür muss kein Baum extra sterben. Denn glücklicherweise haben weder Wachteln noch Hühner einen Kalender und nehmen es euch gar nicht übel, wenn ihr ihnen nach den Feiertagen einfach euren Weihnachtsbaum überlasst. Natürlich sollte dieser abgeschmückt und ohne schädliche Reste wie Lametta, Glitzer oder Kunstschnee sein. Im Stall aufgestellt kann er nun mit wenigen Handgriffen und ein wenig Mühe zu einem absoluten Winter-Highlight werden. Ihr könnt euren Wachtel- und Hühnertannenbaum mit folgenden Leckereien perfekt schmücken:

- Kolbenhirse
- Saatensträuße
- Futterbälle
- Gemüsesternchen
- gebackene Weihnachtsbaumkugeln
- Sonnenblumenköpfe
- Mooskugeln
- selbst gemachte Picksteine (Rezepte ab Seite 85)

## Mooskugeln

Du brauchst:

- Moos
- ein paar Leckereien, zum Beispiel Würmchen, Sonnenblumenkerne, „Waldlöffel"
- Band

Einfach die Leckereien ins Moos legen, dieses zur Kugel formen und mit dem Band umwickeln, am Ende eine Schlaufe knoten. Die Mooskugeln in den Baum hängen.

## Gemüsesternchen

Du brauchst:
Gurke, Kürbis und anderes eher festeres Gemüse
Ausstechförmchen

Das Gemüse in dicke Scheiben schneiden. Dann lassen sich toll Sternchen ausstechen, die ihr dann an den Baum hängen könnt – ein essbarer Hingucker für eure Tiere.

## Weihnachtskugeln

Du brauchst für etwa 20 Kugeln:

- 1 Tasse Vollkornweizenmehl
- ½ Tasse Saaten (ich persönlich greife zum „Waldlöffel", aber die Hauptsache ist, dass es euren Wachteln und Hühnern schmeckt und gesund ist)
- 3 Eier
- 2 EL Öl, zum Beispiel Hanföl, Schwarzkümmelöl oder Saatenöl „Verdauung"
- 2 EL Honig
- zum Färben: Kurkuma für gelbe Kugeln, Rote-Bete-Pulver für rote Kugeln, Spirulina für grüne Kugeln, blaue Chlorellaalgen für blaue Kugeln
- 20 Jutebänder, ca. 30 cm lang

Alle Zutaten mit etwas Wasser verkneten und nach Belieben in Teilmengen unterteilen und färben. Die Bänder zu Schlaufen verknoten und die Enden in die Teigkugeln einarbeiten. Bei 180 °C etwa 20 Minuten backen und danach gut durchtrocknen lassen und an den Hühner- oder Wachtelweihnachtsbaum hängen.

# Lecker und lustig: Beschäftigung zum Aufessen

Mit Essen spielt man eben doch! Und das das ganze Jahr über. Damit wir so viele Piepmatz-Herzen wie möglich erobern, habe ich die meisten Rezepte für Wachteln, Hühner und Wildvögel ausgelegt. Solch spannende Leckereien könnt ihr täglich anbieten und damit den Alltag eurer Tiere bereichern und für Beschäftigung sorgen.

## KEIMFUTTER

Keimfutter gehört schon seit Ewigkeiten zur Fütterung edler Zuchtvögel dazu. Nun endlich hält es auch immer mehr Einzug in die Welt der Wachteln und Hühner. Das Besondere an Keimfutter – im Gegensatz zu den ungekeimten Saaten – ist, dass die Keimlinge sehr viel mehr Vitamine und Mineralstoffe enthalten und diese

In diesem tollen „Haufen" kann nach Herzenslust gescharrt, alles inspiziert und alles verzehrt werden.

gleichzeitig eine bessere Bioverfügbarkeit haben. Wer für extra Beschäftigungsspaß sorgen möchte, kann die gekeimten Saaten auch in ein wenig Erde einpflanzen und als Pickwiese anbieten.

## Fütterung während einer Stallpflicht

Ob nun eine seuchenbedingte Stallpflicht ausgerufen wird oder deine Tiere dauerhaft in der Voliere leben: Das Leben in Stall oder Voliere bedarf einiger Besonderheiten in der Fütterung. Wenn dich das Thema tiefergehend interessiert, empfehle ich dir mein Buch „Was sucht das Huhn im Kräuterbeet?".

Beobachtet man Hühner auf einer großen Wiese oder im Wald, im Beet oder an der Hecke, fällt auf, wie vielfältig ihr Speiseplan naturgemäß ist. Die Tiere bevorzugen dann Wurzeln, Jungpflanzen, frische Triebe, Insekten und deren Eier, Larven und Co. Dieser vielseitige Ansatz findet bis heute meiner Meinung nach zu wenig Berücksichtigung bei der Fütterung. Und er fehlt bei Tieren, die keinen Kontakt zur Natur haben. Daher muss Vielfalt in die Fütterung einziehen. Und das ist oft gar nicht so schwer, wie viele denken.

Durch Keimfutter, Kräuter, Saaten, Frischfutter und tierische Proteine kann eine große Vielfalt in den Napf deiner Lieblinge gezaubert werden.

# Keimfutter

Hervorragend eignen sich:

- Weizen
- Hirse
- Sonnenblumen
- Buchweizen
- Nackthafer
- Quinoa
- Kresse
- Brokkoli

Körner beziehungsweise Samen – wegen unterschiedlicher Keimdauer sortenrein – in einem Sieb gut durchspülen. Danach in ein Glas geben und mit sauberem, kaltem Wasser auffüllen (beim anschließenden Quellen kommt es zu einer Volumenvergrößerung, dies bei der Wahl des Gefäßes und der Wassermenge berücksichtigen). Die Saaten bis zu zwölf Stunden quellen lassen. Ölhaltige Saaten wie beispielsweise Hirse lässt man deutlich kürzer stehen, hier genügen bereits sechs Stunden Quellzeit.

Nach dem Quellen das Wasser abgießen, die Saaten noch einmal gründlich abspülen und bei möglichst 14 bis 20 °C aufstellen. Während des nun folgenden Keimens die Saaten regelmäßig (etwa alle vier bis sechs Stunden) spülen, damit sie nicht verderben. Wichtig: Die Saaten brauchen Sauerstoff zum Keimen! Daher eignet sich das Quellen in Sieben sehr gut. Bei Keimgläsern aus dem Handel muss man darauf achten, nicht zu viele Saaten keimen zu lassen, da sonst der Sauerstoff schnell knapp wird.

Im Kühlschrank aufbewahrt wird der Keimungsprozess übrigens bedeutend verlangsamt, sodass sich Keimfutter gut über mehrere Tage halten kann. Achtung: Saaten mit Schleimstoffen wie Chia- oder Leinsamen sind nicht zum Keimen geeignet.

## PICKSTEINE

Selbst gemachte Picksteine sind eine hervorragende Beschäftigung über das gesamte Jahr. Ihr könnt eure eigenen Rezepturen saisonal anpassen. Ihr könnt eure Picksteine direkt frisch füttern oder sie durchtrocknen lassen und so länger haltbar machen. Wenn ihr sie trocken lagert, können sie sich je nach Rezept mehrere Wochen halten. Picksteine auf Fettbasis können sich im Kühlschrank ein bis zwei Monate halten.

Think big? Aber ja! Eure Picksteine könnt ihr gern auch eine Nummer größer vorbereiten und sie zum Beispiel in einer klassischen Gugelhupfform zubereiten. Besonders für eine mittelgroße bis große Hühnertruppe ist das schnell lohnenswert, denn der Appetit kann gigantisch sein. Die Picksteine eignen sich für Wachteln, Hühner und Wildvögel.

# Blüten-Saaten-Pickstein

**Das Fett schmelzen, die restlichen Zutaten dazugeben und in die Form geben. Abkühlen lassen und servieren. Wer möchte, kann auch kleine Gugelhupf- oder Muffinformen nehmen. So könnt ihr mehrere Knabberstationen aufbauen.**

Für Wildvögel solltet ihr zusätzlich ½ Tasse Rosinen dazugeben, damit auch Weichfresser wie Amseln euren Pickstein ordentlich genießen können.

Du brauchst für 1 Gugelhupfform (Ø 26 cm)

- 1 kg Fett, zum Beispiel Hermetialarvenfett, Kokosfett oder Kokosöl
- 1 Tasse Saaten und Wildsaaten, zum Beispiel Lärchensaat, Distelsaat, Hagebuttensaat und Buchweizen, alternativ „Waldlöffel"
- 1 Tasse getrocknete Blüten, zum Beispiel Ringelblumenblüten, Rosenblütenblätter, Lavendelblüten, Sonnenblumenblütenblätter oder Sonnenhutblütenblätter, alternativ „Blütenlöffel" (enthält zusätzlich frisch gemahlene Kokosnuss und Oregano)
- 1 Tasse Hirse
- 1 Tasse Dinkel
- 1 Tasse Beeren, zum Beispiel Aronia-, Goji- oder Holunderbeeren

# Kräuter-Pickstein

Du brauchst:

- ½ Tasse Hirse
- ½ Tasse „Kräutergrit"
- ½ Tasse „Waldlöffel"
- ½ Tasse „Vitallöffel"
- 2 Tassen Walnuss-Sonnenblumen-Mehl
- 2 Eier
- 1 EL Honig

Einen Kräuter-Pickstein kannst du deinen Tieren gerne regelmäßig reichen. Besonders in der Zeit um den Beginn der ersten Legephase biete ich ihn gern an – generell kannst du mit ihm deine Tiere während Leistungsphasen unterstützen, auch zur kalten Jahreszeit und während der Mauser. Da es sich um eine getreidefreie Alternative zu Rezepten mit normalem Vollkornmehl handelt, ist dieser Pickstein besonders verdauungsfreundlich und bekömmlich. Der Kräuter-Pickstein ist durch seine vielfältigen Saaten, die natürlichen Mineralstoffe und den verdauungsunterstützenden Grit in solch anstrengenden Lebensphasen besonders gut. Die wertvollen Lipide und vor allem der Eiweißgehalt bieten den Tieren einen großen Mehrwert.

Alle trockenen Zutaten gut verrühren. In einem separaten Gefäß Eier, Honig und etwas warmes Wasser nach Bedarf mischen. Alle Zutaten verkneten und in einer Form deiner Wahl bei 160 °C backen. Die Backzeit hängt von der Größe der Form ab: In Muffinformen werden in der Regel um die 20 Minuten benötigt, in größeren Formen entsprechend mehr.

### Picksteine ohne Backen

Eiweiß eignet sich hervorragend, um flachere Picksteine ganz ohne Backen zaubern zu können. Das ist besonders zu empfehlen, wenn ihr mit hitzeempfindlichen Rohstoffen arbeitet. Gekeimte Saaten beispielsweise können so in ihrer Nährstoffvielfalt erhalten bleiben. Die maximale Dicke sollte dabei einen regulären tiefen Teller nicht überschreiten, sonst trocknet der Pickstein nicht gut durch.

## Heilerde-Pickstein

**Du möchtest deinen Wachteln und Hühnern eine ganz besondere Wohltat bieten und ihrer Verdauung helfen? Dann zaubere ihnen doch einen Heilerde-Pickstein! Dieser Pickstein der Extraklasse ist auch hervorragend zur Unterstützung bei oder nach einem Endoparasitenbefall geeignet. Heilerde kann die Darmflora stabilisieren, Giftstoffe binden und Gase absorbieren. Außerdem wird sie gern und weit verbreitet zur Darmsanierung eingesetzt.**

Du brauchst:
- grobe Heilerde
- „Kräutergrit"
- Eiweiß
- Tontöpfchen

**Heilerde und Kräutergrit im Verhältnis 1:1 mischen. Eiweiß nach Bedarf mit etwas Wasser vermischen und zur Grit-Heilerde-Mischung geben, vorsichtig verrühren, bis es eine dicke, nicht mehr bröselige Paste ergibt. Die Masse in ein Töpfchen geben und zum Beispiel vor dem Kamin oder auf der Heizung ordentlich durchtrocknen lassen. Dieser Pickstein sollte maximal drei Wochen am Stück drei bis viermal pro Jahr angeboten werden.**

## KNABBERSPIELZEUG

Knabberstangen sind voll ungesund? Und sollten daher vermieden werden? Das zählt vielleicht für viele Produkte aus dem Einzelhandel. Aber in der selbst gemachten Form können sie eine enorme Bereicherung sein und eure Wachteln und Hühner über lange Zeit beschäftigen. Die Form und die Größe hängen natürlich von der Größe und Anzahl eurer Tiere ab und muss an diese angepasst werden.

### Auch für Wellensittich und Co.

Prinzipiell sind die vorgestellten Knabberstangen auch für Sittiche, Finken und andere Ziervögel geeignet. Sollten diese also mit in eurer Voliere leben, dürfen sie gern mitnaschen.

# Knabberstangen

Du brauchst für etwa 7 Knabberstangen:

- 175 g Weizenvollkornmehl
- 2 Hühnereier oder 8 Wachteleier
- 3,5 EL Honig (am besten regionaler Honig)
- 6 kleine Tassen leckere Körnchen, zum Beispiel Hirse, „Atemlöffel", „Waldlöffel" oder Wildkräutersaaten wie Hagebuttensaat, Distelsaat, Brennnesselsamen, Grassamen (Seite 91), Kleesamen
- optional: getrocknete Mehlwürmer
- Holzspieße oder Holzgabeln

**Alle Zutaten verkneten und portionsweise um einen Spieß oder eine Holzgabel drücken. Wer möchte kann die Knabberstangen vor dem Backen noch mit ein paar Mehlwürmchen bestreuen. Bei 180 °C zehn bis 20 Minuten, je nach Dicke und Größe, backen.**

## FUTTERBÄLLE

Es soll schnell gehen? Dann sind kleine Futterbälle großartig, denn sie können schnell und jeden Tag anders befüllt werden. Aber Achtung: Da Futterbälle keinen solchen Widerstand bieten wie beispielsweise gebundene Sträuße, solltet ihr in Futterbällen am besten Pflanzen einsetzen, die noch einen zusammenhaltenden Teil haben: ein ganzer Salat mit Strunk, Löwenzahn mit Wurzel, Möhrenkraut mit Möhre. So kann sichergestellt werden, dass keine zu großen Teile in den Schlund geraten und zum Verschlucken oder zu Verstopfungen führen können. Für den Winter eignet sich übrigens Grünkohl hervorragend, dem macht sogar Frost nichts aus. Ob mit oder ohne ein paar Würmchen, bleibt euch überlassen.

Generell sollten Mehlwürmer eher sparsam gefüttert werden. Eine zu große Menge kann die Calciumbilanz verschlechtern und zu Durchfall führen. Ich persönlich greife mittlerweile viel lieber zu bekömmlicheren, pflanzlichen Proteinquellen: Hanfsamen oder Brennnesselsamen sind absolute Eiweiß- und Nährstoffwunder.

Du brauchst:
- Spitzkohlblätter, alternativ Weißkohl-, Kohlrabi- oder Zucchiniblätter
- Warmes Näpfchen „ImmunPower"
- Hirse
- Wachtel- und Hühnerluzerne
- getrocknete Blüten und Kräuter, wie Rosenblütenblätter, Ringelblumenblütenblätter oder Sonnenblumenblütenblätter, alternativ „Blütenlöffel"
- Juteband

# Wachtel- und Hühner-Rouladen

Ja, ihr habt richtig gelesen. Aber keine Sorge. Natürlich sind diese Rouladen *für* eure Lieblinge. Und sie sind eine hervorragende Beschäftigung. Ich persönlich verfüttere sie meistens dann, wenn es draußen kaum noch natürliche Leckereien gibt – also meist von Dezember bis Februar. Aber selbstverständlich könnt ihr sie das ganze Jahr über zubereiten und anbieten.

Alle Zutaten außer der Blätter vermischt ihr mit etwas Wasser zu einer homogenen Masse – das ist eure Füllung. Die Konsistenz sollte ein wenig feuchter sein als frisch gehackte Kräuter.

Spitzkohl- und Weißkohlblätter mit einer Schaumkelle oder Grillzange kurz in kochendes Wasser halten, weichere Blätter kurz über kochendes Wasser halten. Danach direkt mit der Füllung füllen und die Blätter zu einer Roulade zusammenrollen. Mit Juteband umwickeln. Mit dem Umwickeln dürft ihr ruhig ein wenig großzügiger sein: Je fester eure Rouladen sind, desto länger halten sie euren Wachteln und Hühnern stand. Abkühlen lassen und im Stall oder in der Voliere aufhängen.

# Variante: Sommer-Rouladen

**Im Sommer könnt ihr andere frische Leckereien verwenden, auch frisch gehackte Kräuter.**

**Wie zuvor beschrieben mit etwas Wasser vermischt zu einer Füllung verarbeiten. Kohl- oder Gemüseblätter vorbereiten, die Füllung darin einwickeln und verschnüren.**

Hervorragend eignen sich:
- gehackte Gartenbeeren, zum Beispiel Johannisbeeren, Erdbeeren, Heidelbeeren oder Brombeeren
- Gänseblümchen
- frische Sonnenblumenkerne direkt aus dem Sonnenblumenkopf (alternativ getrocknete Sonnenblumenkerne aus der Packung)
- wilde Beeren wie Holunderbeeren oder Vogelbeeren
- wilde Wiesensamen
- Kapuzinerkresseblätter und -blüten

## BEEREN UND WIESENSAMEN

Wilde Beeren: Holunder-, Vogelbeeren und Co. sind das ganze Jahr über eine Bereicherung der Fütterung, daher kannst du sie auch extra für deine Tiere kaufen. Alternativ greifst du zum „Beeren-Protein-Löffel", er kombiniert gesunde Beeren wie Aronia-, Holunder- und Vogelbeeren mit proteinreichen Hanfsamen.

Wilde Wiese: Du hast eine Ecke in deinem Garten ungemäht gelassen? Dann werden dort bald viele Blüten und Samen zu finden sein. Vor allem blühende Gräser sind ein beliebter Snack. Die Samen der Gräser kannst du einfach abstreifen. Auch Klee-, Löwenzahn- und Brennnesselsamen eignen sich hervorragend.

### Augen auf bei Luzerne

Bitte keine „normale" Luzerne an Hühner und Wachteln verfüttern. Der Rohprotein-Anteil sollte bei um die 18 Prozent liegen – und das schafft nur ausgewiesene Wachtel- und Hühnerluzerne. Handelsübliche Luzerne hat meist einen zu geringen Proteingehalt und ist zu ballaststoffhaltig für die Wachtel- und Hühnerfütterung.

# Gemüsegirlanden

Du brauchst:

- Gemüse deiner Wahl, zum Beispiel Gurken, Zucchini, Staudensellerie, Kürbis oder Wassermelone; zu harte Gemüsesorten wie Möhren oder Kohlrabi sind nicht geeignet
- Nadel und Faden

**Keine Zeit oder Lust, das Gemüse für eure Wachteln und Hühner klein zu reiben? Wie wäre es dann mit einer Gemüsegirlande?**

Schneide das Gemüse in etwa 5 cm große Stücke. Größere Stücke halten schlechter und werden schnell einfach im Ganzen abgerissen. Mit Nadel und Faden die Gemüsestücke auffädeln und zack, die Girlanden sind bereit für deine Schleckerschnäbelchen.

Denkt man an Gemüse für Hühner und Wachteln, kommt einem nicht sofort Staudensellerie in den Sinn. Aber doch – das geht!

# Pickzapfen

Die Pickzapfen sind eines der Highlights zur kalten Jahreszeit. Sie bringen superspannende Abwechslung und können gut auf Vorrat zubereitet werden. Und: Ihr könnt sie auch den Wildvögeln anbieten.

Das Kokosöl schmelzen. Die Zapfen kurz darin baden lassen und dann von allen Seiten mit den Saaten bestreuen. Im Anschluss gut trocknen lassen.

Du brauchst:
- Saaten, zum Beispiel Hirse, Kanariensaat, Nigersamen
- Kokosöl
- saubere Zapfen

# Abenteuer-Eis

Du brauchst:

- Tee, zum Beispiel Früchtetee, Brennnesseltee oder Kräutertee
- Highlights für die Eiswürfel, zum Beispiel Beeren, Würmchen oder Körner
- Eiswürfelformen

Ein Abenteuer-Eis ist fast das ganze Jahr über ein riesiger Spaß für deine Wachteln und Hühner! Denn der Beschäftigungsaspekt hält lange an und es wird nicht langweilig.

Wie gewohnt eine Tasse Tee kochen. Den abgekühlten Tee in die Eiswürfelformen geben. Beeren, Würmchen und Co. dazugeben. Die Menge hängt dabei von der Größe der Formen ab. Bei einer normalen Größe empfehle ich zwei bis drei Beeren und drei bis fünf Würmchen pro Eiswürfel. Die Eiswürfelformen ins Gefrierfach stellen und durchfrieren lassen.

Dein Abenteuer-Eis kannst du in eine Schale mit wenig Tee oder Wasser geben. Die Wachteln und Hühner werden versuchen, die Würmchen und Co. zu erhaschen, die erst nach und nach vom schmelzenden Eis freigegeben werden. Dadurch sind sie lange beschäftigt. Gleichzeitig fördert das leckere Eiswasser die Flüssigkeitsaufnahme.

## Upcycling mit Spaßfaktor

Du hast einen leeren Joghurt- oder Tomateneimer? Beides kannst du prima zum Spielzeug umfunktionieren. Im Tomateneimer sind am Boden bereits kleine Löcher. Beim Joghurteimer musst du die noch machen.
Fülle die Eimerchen mit den Lieblingssnacks deiner Tiere, verschließe sie mit dem Deckel und hänge sie auf. Erst durch das Anpicken fallen Snackbestandteile nach und nach heraus, was sowohl Wachteln als auch Hühner schnell begreifen.

# Hühner- und Wachtelbeete

Ein Wachtel- oder Hühnerbeet als Beschäftigung? Auf jeden Fall! Und das kann gleich auf zwei unterschiedliche Weisen gedeutet werden. Die erste Möglichkeit: Ein Beet, aus dem immer wieder Highlights für die Beschäftigung (und sicherlich auch für die Fütterung) geholt werden können. Die zweite Möglichkeit: Ein Beet, was die Tiere direkt besuchen dürfen. Und mit „besuchen" meine ich natürlich auch von Herzen zerscharren, zerpicken, zerfleddern ...

## Nur naturbelassen

Egal, was ihr letztendlich nutzen und anbauen möchtet: Bitte verzichtet vollständig auf synthetischen Dünger und Spritzmittel wie Pestizide, Fungizide und Herbizide. Denn die sind weder gesund für eure Tiere noch möchtet ihr die Rückstände in den Eiern haben.

## EIN BEET ZUM ERNTEN

Wenn du ein Beet anlegen möchtest, von dem du regelmäßig etwas für deine Hühner und Wachteln ernten kannst, brauchst du wuchsfreudige Pflanzen, die über einen großen Zeitraum im Jahr zu ernten sind. Natürlich

Was für uns Unkraut ist, ist für die Wachteln ein Highlight. Auch der ausgewachsene Brokkoli lockt.

kommt es auf die Parameter im Garten an, was letztlich gut bei dir wächst. Prinzipiell sind aber die folgenden Beispiele sehr wuchsstarke, für Hühner und Wachteln essbare Pflanzen, die kreativ und vielseitig einsetzbar sind.

**Gartenpflanzen**

- Minze
- Himbeeren
- Erdbeeren
- Gräser wie Chinaschilf (*Miscanthus*)
- Bambus
- Topinambur
- Herbstastern

**Wildkräuter**

- Franzosenkraut
- Vogelmiere
- Knoblauchsrauke

**Bäume**

- Birken
- Erlen
- Weiden

Vor allem Weiden sind sehr wuchsstark. Zumindest in bewohnter Umgebung bleibt es oft nicht aus, diese auch mal stutzen zu müssen. Dieses Schnittgut könnt ihr für eure Tiere hervorragend recyceln.

Und nur damit wir uns richtig verstehen: Dieses Beet liegt außerhalb der Hühner- und Wachtelwelt, irgendwo im Garten. Denn würde dieses Beet innerhalb des Zugriffs der gefiederten Lieblinge liegen, würde es schnell zu unserer nächsten Variante werden: dem Beet zum Scharren und Entdecken.

## EIN BEET ZUM SCHARREN UND ENTDECKEN

Eure Wachteln und Hühner sollen ein Beet zum Selbstentdecken bekommen? Oh, sie werden ausflippen vor Freude! Vor allem während einer Stallpflicht ist ein eigenes Beet im Kaltscharrraum oder sogar in Miniausführung im Stall für alle Wachteln und Hühner ein unglaubliches Ereignis. Denn: Während einer seuchenbedingten Stallpflicht solltet ihr selbstverständlich keinerlei Leckereien von draußen füttern. Eine Kontaminierung mit dem Erreger könnte eure Tiere gefährden. Möchtet ihr während dieser Zeiten dennoch etwas aus dem Garten anbieten, solltet ihr alle Futtermittel aus Garten und Natur gut waschen (außerhalb einer Stallpflicht müsst ihr Gartenerdbeere und Co. natürlich nicht abwaschen).

Ein kleines Scharr- und Entdeckerbeet könnt ihr drin schnell und unkompliziert nachbauen. Die Größe hängt von euren individuellen Gegebenheiten, der Größe und Anzahl der Tiere und auch von eurer Kraft ab. Denn nasse oder feuchte Erde kann schnell ordentlich schwer werden. Für meine großen Hühner nehme ich gerne eine Babywanne. Diese fülle ich etwa 10 cm hoch mit Erde. Für die kleineren Wachteln reicht auch ein altes Kuchenblech.

Achtung: Bitte verwendet niemals Blumenerde aus dem Handel für eure gefiederten Lieblinge! Denn die ist in den meisten Fällen gedüngt und behandelt, was sicherlich toll für Blumen, aber für kleine Wachtel- und Hühnerbäuche teilweise richtig gefährlich ist. Aber sie heißt ja auch „Blumenerde“ und nicht „Hühnererde“.

„Teilzeit-Beete": Bepflanzte Wannen, Eimer und andere Gefäße werden wahre Begeisterungsstürme im Stall auslösen.

Dann folgt die Bepflanzung. Seid euch bewusst: Mit der Bepflanzung beeinflusst ihr maßgeblich den Alltag eurer Tiere. Denn sie hat großen Anteil an der täglichen Beschäftigung.

Das Wichtigste zuerst: Bitte verzichtet auf giftige Pflanzen! Im Internet kursieren immer wieder diverse Tipps, wie widerstandsfähig Thuja, Efeu und Kirschlorbeer doch sind. Sie sind schlicht und ergreifend giftig, was den meisten Tieren auch bewusst ist. Auf diesen Instinkt würde ich mich allerdings nicht zu 100 Prozent verlassen. Erst recht nicht bei Jungtieren. Oder bei Langeweile. Außerdem gibt es viele großartige Alternativen, die vollkommen ungiftig sind und die ich euch auf den nächsten Seiten vorstellen will.

Ich empfehle euch für euer Entdeckerbeet vor allem Pflanzen, die schnell keimen und ein interessantes, bekömmliches Nährstoffspektrum haben. Hervorragende Beispiele sind Weizen(-gras), Kresse, Sonnenblumen, Hirse, Salat und Bechermalven. Übrigens sind Letztere kaum zum Verzehr bekannt, obwohl sie lecker, gesund – und hübsch – sind.

Unbestreitbar bleibt, dass die Hühnchen viele Pflanzen zum Anbeißen finden – was es der Flora manchmal doch sehr schwer macht. Daher möchte ich gleich zu Beginn dieses Kapitels festhalten: Die Wahrscheinlichkeit, dass ihr einmal bepflanzt und dann sieht es ein Hühner- oder Wachtelleben lang schön aus, ist gering. Aber das wäre ja auch viel zu langweilig …

Dichtes Blätterwerk von ungiftigen Ästen ist für jede Wachtel ein toller Spielplatz und ein Ort zum Verstecken.

### Bäume, die Felsen in der Brandung

Beginnen wir mit den stabilsten Pflanzen, die in der Regel eine sehr gute Beharrlichkeit gegenüber den geliebten Tierchen an den Tag legen. Kleine, noch junge Bäume, vor allem Obstbäume, Nussbäume und Weiden, beweisen sich regelmäßig sehr gut in Volieren und Kaltscharrräumen (und übrigens auch in Ausläufen – aber die dürfen in Stallpflichtzeiten ja nicht genutzt werden). Bei Wachtelarten, die aufbaumen, oder Hühnern werden in der Regel keine Früchte zu erwarten sein, weil die Tiere bereits die Blüten voller Begeisterung vernaschen werden. Bei Seidenhühnern, Legewachteln oder am Boden lebenden Zierwachteln wie Zwerg-, Harlekin- oder

### Starthilfe für üppiges Grün

Im Frühling sind nicht nur die Blüten saulecker. Auch die jungen Blattknospen werden liebend gern vernascht. Hier hilft viel Ablenkung, damit sich letztlich Blätter zeigen. Ob Knabberstangen, Kräutertöpfe oder selbst gemachte Picksteine … All das hilft, auf andere Gedanken zu kommen. Und wenn die Blätter erst einmal groß sind, stehen sie auch gar nicht mehr so hoch auf der Beliebtheitsskala.

Regenwachteln kann man hier durchaus Glück haben. Die Früchte sind aber ohnehin nur Bonus. Für den natürlichen Habitus und eine naturnahe Beschäftigung sind die grünen Blätter viel wertvoller. Die stabilen, wenn auch noch zarten Stämme bieten den Tieren wenig Angriffsfläche, wodurch die genannten Bäume auch langfristig eure Volieren gut bereichern können.

Die Salweide ist übrigens mein heißer Tipp für besonders schwierige Bepflanzungssituationen. Sie ist unglaublich widerstandsfähig, verzeiht nahezu alles und treibt immer wieder nach. Und Weiden sind bekannt für ihre Heilwirkung! Das in der Weide enthaltene Salicin wird bei Aufnahme durch Stoffwechselprozesse zu Salicylsäure umgewandelt. Diese wirkt nachweislich fiebersenkend, schmerzstillend und entzündungshemmend. Wusstet ihr, dass die Heilwirkung der Weide sogar schon in der Antike bekannt war? Und ihr könnt sie euch ebenso zunutze machen: Ihr könnt Weidenzweige klein gehackt oder püriert füttern. Vorausgesetzt, ihr kommt dazu ... denn die Blätter werden von den Tieren liebend gern direkt vom Ast gezupft.

Und wer es immergrün haben möchte: Auch heimisch Nadelbäume wie Kiefern, Fichten oder Tannen können bei euren Tieren gepflanzt werden und haben eine erstaunlich gute Chance, die frechen Schnäbelchen zu überstehen.

Über die Größe müsst ihr euch in der Regel keine Gedanken machen, denn Bäume sind durch regelmäßigen Schnitt sehr gut klein zu halten, bevor sie ans Volierendach stoßen.

Kleinwüchsige Büsche eignen sind gut für die Wachtelvoliere.

## Büsche – Spiel, Spaß und Schmaus

Auch Büsche sind in der Volierenbepflanzung unheimlich beliebt. Zu Recht, denn sie sind dekorativ, beschäftigen hervorragend, bieten Deckung und können auch noch richtig lecker sein. Wem Letzteres wichtig ist, der ist mit Beerenbüschen gut beraten. Johannisbeeren, Brombeerzüchtungen ohne Stacheln und teilweise Himbeeren wachsen sehr schön buschig. Auch Kanadische Felsenbirnen sind ein echter Hingucker für Huhn und Mensch und bestechen mit herrlich leckeren, gesunden Beeren und wunderschönem Herbstlaub. Außerdem zeigen sie sich recht widerstandsfähig und werden sogar von Hühnern erstaunlich wenig verwüstet. Lecker und gesund sind zwar auch Heidelbeeren, die haben aber in der Regel keine allzu lange Überlebenszeit. Dornige und stachelige Büsche wie Stachelbeeren, Weißdorn oder klassische Brombeeren sind wegen der erhöhten Verletzungsgefahr nicht zu empfehlen.

Sehr wuchsstarke und robuste Büsche für eine optimale Beschäftigung eurer Wachteln und Hühner sind unterschiedliche Bambusarten. Hier müsst ihr unbedingt auf die richtige Pflanzung achten: Normale Bambusarten müsst ihr dringend mit einer guten Wurzelsperre pflanzen. Sonst können Gebäude und Flächen stark in Mitleidenschaft gezogen werden. Eine entspanntere Möglichkeit ist Bambus, der keine Rhizomsperre

Blumen haben es im Hühnergehege nicht einfach. Aber bepflanzte Blumentöpfe, die temporär angeboten werden, sind eine tolle Lösung.

## Die Wurzeln schützen

Da viele Büsche recht flach wurzeln, empfehle ich, den Wurzelbereich zu schützen. Wachteln und Hühner lieben es, an den Wurzeln zu scharren und zu knabbern und am besten auch noch zu baden. Mit grobem Kies oder durchlässigen Platten wie Paddockplatten kann man das Wurzelwerk sehr gut schützen.

benötigt, weil er keine Ausläufer bildet. Die Gattung *Fargesia* ist hier ein Beispiel. Mein persönlicher Tipp für Bambus: Auch wenn Bambus wirklich stark ist, braucht er ein wenig Zeit zum Ankommen. Optimal wäre es daher, ihn vor Bezug der Voliere hineinzupflanzen oder seinen Bereich vorerst abzusperren. So kann er in Ruhe anwachsen und ist bereits robuster, wenn die abenteuerlustigen Vögel über ihn herfallen. Bambus ist übrigens immergrün, was ihn für Volieren zu einem ganz besonderen Highlight werden lässt. Und es gibt viele Arten, deren junge Sprosse sogar essbar sind – für Wachtel, Huhn und Mensch: *Phyllostachys edulis* oder *Fargesia murieliae* beispielsweise.

Von giftigen Büschen wie Kirschlorbeer ist wie gesagt dringend abzusehen. Aber auch empfindliche Büsche wie Hibiskus werden es in der Regel nicht lange bei den gefiederten Chaoten aushalten.

**Gräser, Blumen und Co.**

Wie wir gesehen haben, sind Bäume und Büsche eine großartige Möglichkeit, Beschäftigung, Naschen, Versteckmöglichkeiten und Abwechslung in die Voliere deiner Tiere zu bringen. Immer noch am häufigsten genutzt werden allerdings im Vergleich eher kleinwüchsige Pflanzen, wie Gräser, Kräuter, Blumen und Ähnliches. In vielen Fällen liegt das wohl an dem niedrigeren Anschaffungspreis, an der Flexibilität in der Jahreszeit und daran, dass die Tiere unheimlich gerne daran picken. Das Picken schmälert zwar die Lebenserwartung der Pflanzen, sie bekommen dafür aber Extrapunkte beim Genuss- und Beschäftigungsfaktor.

Klassische Küchenkräuter, die ganzjährig im Supermarkt erhältlich sind, sind immer wieder ein Highlight. Es eignen sich fast alle Küchenkräuter, wie Petersilie, Basilikum, Minze, Oregano, Dill oder Majoran. Verzichten solltet ihr bitte unbedingt auf Schnittlauch und Salbei. Beides kann auf eure Wachteln und Hühner toxisch wirken und ist daher eine potenzielle Gefahr. Der Vollständigkeit halber sei erwähnt, dass man beides zwar durchaus homöopathisch dosieren könnte, was allerdings bei dem geringen Gewicht der Tiere und vor allem der Gruppensituation kaum zuverlässig möglich ist – also am besten einfach weglassen. Achtet bitte außerdem darauf, dass die Kräuter in torffreier Erde stehen. Torf kann nachweislich TBC (Tuberkulose) übertragen und sollte daher gemieden werden; außerdem ist es ökologisch nicht die beste Wahl. Generell ist bei der Erde Vorsicht geboten. Sie ist regelmäßig hochdosiert gedüngt, was sicherlich hervorragend für Wachstum und Erhalt der Pflanze, aber nicht für kleine Hühnerbäuche bestimmt ist. Lasst den Topf also leergefuttert nicht in der Voliere stehen und benutzt diese Erde auch nicht für eure Scharrecke.

Superbeliebt, vor allem bei Zwerghühnern und Wachteln, sind Seggen, die zu den Gräsern gehören. Ihre Größe, ihr Volumen und ihre Widerstandsfähigkeit lassen sie zu beliebten Volierenpflanzen werden. Doch sind viele Halter immer wieder enttäuscht, wenn sie dann doch nach einer überschaubaren Zeit eingehen. Der Grund dafür ist meistens ganz einfach: Unsere Wachteln und Hühner lieben einen trockenen Lebensraum. Feuchtigkeit oder gar Staunässe können sogar die Gesundheit gefährden. Seggen hingegen sind Gräser, die in der Regel auf feuchten Wald- und Wiesenböden wachsen und sogar bis zu Niedermooren und an sumpfigen Gewässerrändern vorkommen. Von den etwa 2000 Arten gibt es zwar auch welche, die es trocken lieben. Nur wird darauf meistens weniger geachtet.

Daher empfehle ich euch, den Kauf eurer nächsten Gräser vom passenden Lebensraum abhängig zu machen. So habt ihr und eure Wachteln und Hühner auch langfristig mehr von euren Gräsern.

Du möchtest auch Blumen bei deinen Tieren haben? Das gestaltet sich tatsächlich recht schwierig. Bis heute habe ich persönlich keine Blühpflanze entdeckt, die in der rauen Welt der Hühnervögel bestehen kann. Da Blüten unheimlich wertvoll sind und besonders starke sekundäre Pflanzenstoffe besitzen, werden sie in der Regel auch entsprechend schnell vernascht. Aber es ist lohnenswert, den Wachteln und Hühner regelmäßig frische Blüten zum direkten Verputzen anzubieten. Besonders gut eignen sich sowohl zum Verzehr als auch zur Beschäftigung:

- Hornveilchen
- Gänseblümchen
- Mohn
- Knoblauchsrauke
- Löwenzahn
- Herbstaster
- Ringelblumen
- Kamille
- Phlox
- Kapuzinerkresse
- Lavendel
- Rosen
- Sonnenblumen
- Zucchiniblüten
- Taglilie
- blühende Gräser

# Beschäftigung für Küken

Küken lassen wohl jedes Herz höherschlagen. Kein Wunder also, dass wir als „Kükeneltern" es unseren Kükies im Kükenheim so schön und gemütlich machen wollen wie möglich. Allerdings ist das gar nicht so einfach, denn insbesondere in der ersten Zeit sind unnötige Elemente ein echtes Risiko für die Kleinsten. Sie können sich verfangen, verlaufen und den Weg unter die Wärmequelle nicht mehr finden. Die Risiken sind vielseitig. Daher mein Tipp: In den ersten Wochen sollten ausschließlich Wärmequelle, Kükentränke, Futterspender und Grit in deinem Kükenheim sein – bei Wachteln etwa die ersten drei Wochen, bei Hühnern die ersten fünf Lebenswochen. Danach darf die Welt langsam spannender werden. Dabei reicht im ersten Schritt schon ein Ast oder frischer Zweig, ein Saaten- oder ein kleiner Wildkräuterstrauß ... Und nach diesen ersten drei beziehungsweise fünf Wochen darf endlich ein Sandbad angeboten werden. Das ist bei den Kleinen meist der absolute Renner. Wenn die Spannung nachlässt, dürfen langsam auch mal ein Kräutertöpfchen oder ein paar Bambuszweige einziehen.

Hühnerküken und auch einige Zierwachtelküken wie Schopf- oder Blauschuppenwachteln lieben es, ihre Flügelchen zu entdecken, sie klettern und hüpfen. Schön, wenn man das platztechnisch und durch entsprechende Ausstattung ermöglichen kann. Hervorragend eignet sich ein kräftiger Ast, den die Tierchen emporklettern können. Denkt dann bitte unbedingt auch daran, das Kükenheim nach oben hin genügend abzusichern, damit die Küken nicht versehentlich in einen unbeheizten Bereich gelangen, sich verlaufen oder verletzen können.

## SCHON FÜR DIE KLEINSTEN WICHTIG: GRIT UND LICHT

Bitte vergesst bei euren Küken bei aller Beschäftigung nicht den Grit. Ich empfehle einen feinen Grit, mit kleiner Teilchengröße und vielfältigen Mineralstoffen. Wer das i-Tüpfelchen draufsetzen möchte, nimmt einen Grit, der gleichzeitig Kräuter enthält. Normaler Hühnergrit ist zu grob für Küken! Zu große Steinchen können die Verdauung erschweren, scharfkantige Steine können problematisch werden.

Ihr möchtet Grit und Pickspaß kombinieren? Dann bietet euren Kleinsten doch einen Pickstein, ein Picktöpfchen oder Sepia an! So vereint ihr das Angenehme mit dem Nützlichen. Durch Aufhängen oder ein erhöhtes Positionieren könnt ihr für ein Extra an Bewegung sorgen.

Übrigens: Wenn ihr eure Küken über den Winter großzieht, achtet unbedingt auf genügend Licht von einer UV-Lampe. Sonst können sie sich schlechter entwickeln und das Immunsystem kann schlimmstenfalls schwächeln.

Auch die Kleinsten sollten gut beschäftigt werden, um Verhaltensauffälligkeiten vorzubeugen.

## HÜHNERKÜKEN

Die Basis der Kükenfütterung sollte ein hochwertiges Kükenfutter sein. Ergänzend dazu könnt ihr aber leckere Naschereien anbieten, die gleichzeitig eine tolle Beschäftigung darstellen.

Ab Woche 1: Auch wenn die Küken noch sehr klein sind, können sie sich bereits über ein paar lebende Würmchen freuen. Mehlwürmchen oder Hermetialarven sind hier sehr beliebt. Diese sollten nicht zu krabbelig sein, damit nicht die Gefahr besteht, dass die Küken beginnen, sich gegenseitig an den Zehen zu picken (die Form der Zehen ähnelt der der Würmer sehr, sodass es zum Picken und zu gegenseitigen Verletzungen kommen kann). Auch ein wenig frischer Oregano oder getrocknete Kräuter dürfen gereicht werden. Bindet ein paar wenige Oreganotriebe zu einem kleinen Strauß und hängt ihn so, dass die Küken Spaß und Beschäftigung beim Picken haben. Alternativ kann Oregano klein gehackt zum Futter gereicht werden. Besonders am Anfang solltet ihr Oregano aus dem Garten oder vom Balkon nehmen, um euren Küken unnötige Pflanzenschutzmittel zu ersparen. Auch Thymian oder Majoran eignen sich hervorragend.

Brennnesseln können ebenfalls gefüttert werden. Die sollten allerdings unbedingt klein gehackt werden und sind damit zwar lecker und gesund, aber weniger zur Beschäftigung geeignet.

Ab Woche 2: In der zweiten Lebenswoche dürfen eure Küken schon an Saatensträußen oder Kolbenhirse picken. Auch gekeimte Kolbenhirse ist ein absolutes Highlight, worüber sich eure Küken jetzt freuen. Keimfutter (Seite 84) könnt ihr regelmäßig begleitend anbieten. Es bereichert die Fütterung und ihr könnt es auch einpflanzen und zu Jungpflanzen heranwachsen lassen und dann den Kleinen vorsetzen. So kombiniert man Spaß und eine gesunde Nascherei.

Wenn es warm genug ist, dürfen die Küken schon kurze Ausflüge nach draußen unternehmen. Ich empfehle frühestens ab der zweiten Lebenswoche.

Ab Woche 3: Nun könnt ihr langsam beginnen Möhren zu reiben und diese in kleinen (!) Mengen anbieten. Möhren unterstützen die Darmgesundheit besonders gut. Ihr könnt sie pur geben oder mit darmunterstützenden Kräutern wie Oregano, Thymian, Minze, Petersilie oder Rosmarin. Auch ein wenig Hirse wird gern dazu gepickt.

Ab Woche 5: Jetzt könnt ihr all die Beschäftigungsmöglichkeiten nutzen, die ich euch in diesem Buch schon vorgestellt habe. Einzig bei Naschrezepten solltet ihr bei Küken noch ein wenig sparsamer vorgehen.

## WACHTELKÜKEN

Wachtelküken sind am Anfang unheimlich kleine, niedliche „Hummeln". Aber sie wachsen in rasanter Geschwindigkeit heran. Größenbedingt ist bei ihnen daher einiges an Vorsicht geboten.

Ab Woche 1: Die Wachtelküken freuen sich schon über einige Würmchen. Diese sollten aber nicht zur groß sein. Hühnerküken haben in der Regel von Beginn an keine nennenswerten Probleme mit den Würmchen. Für Wachteln allerdings können zu große Mehlwürmchen zur Gefahr werden. Auch Kräuter wie Oregano, Thymian oder Majoran können hervorragend gefüttert werden und dabei eine großartige Beschäftigung darstellen, weil alles so schön neu ist. Um eine Belastung durch Pestizide zu verhindern, sollten für die Küken unbedingt ungespritzte Kräuter verwendet werden.

Wachtelküken sollten die erste Zeit im geschützten Kückenheim bleiben. Nach der dritten Woche sind auch sie bereit, die Welt zu entdecken.

Ab Woche 2: Lasset das Keimen beginnen! Denn auch Wachtelküken lieben Keimfutter. Dabei solltet ihr anfangs lieber kleinere Saaten wie Hirse, Nigersamen und Kanariensaat ansetzen oder diese nach dem Keimen klein hacken. So verhindert ihr ein Verschlucken.

Ab Woche 3: In der dritten bis fünften Lebenswoche ändert sich im Vergleich zu Hühnerküken bei Wachtelküken nicht so viel. Weil Wachteln schon mit fünf bis sechs Wochen ausgewachsen sind, brauchen sie bis dahin eine besonders hochwertige Nährstoffdichte und -zusammensetzung, um dem enormen Wachstum gerecht zu werden. Daher gilt bei Wachteln: Die meisten Spielereien und Schleckereien wie Gurke und Salat, die in der Regel nicht so nährstoffdicht sind, sollte man sich für das adulte Alter aufheben.

# Beschäftigung für kranke Wachteln und Hühner

Verletzte oder erkrankte Wachteln und Hühner sollten schnell in einen Quarantänestall umgesiedelt werden. Zu groß ist die Gefahr, dass sie durch Artgenossen verletzt oder im schlimmsten Fall sogar getötet werden. Auch wenn das ohne bösen Willen, sondern rein instinktiv geschieht, möchten wir unsere verletzten oder erkrankten Tiere davor schützen. Ob und wie viel Beschäftigung eine Quarantäne-Wachtel oder ein -Huhn braucht, hängt vom Leiden ab. Wachteln und Hühner, die systemisch leiden, also bei denen mehrere Teile oder Bereiche des Körpers Teil des Problems sind, sollten geschont werden, denn sie brauchen ihre Kräfte für die Regenerationsprozesse. Tiere hingegen, die „nur" ein lokales Problem haben – Beispiele sind ein leichter (!) Ballenabszess oder eine leichtere Hennenglatze –, freuen sich sehr über ein wenig Beschäftigung. Jedoch lieber Klasse statt Masse: wenige, aber dafür gute Ideen, die das verletzte Tier nicht überfordern, sonders es im besten Fall sogar in seinem Heilungsprozess unterstützen. Dafür bieten sich besonders Kräutertöpfchen an oder eine selbst ausgesäte Pickwiese aus zum Beispiel Weizengras (normale Weizenkörner aussäen und bis zum Auflaufen feucht halten) oder Keimfutter.

Hühnern in Quarantäne bietet ein Kräutertopf Beschäftigung und Unterstützung bei der Genesung.

## HEILUNGSBOOSTER UND KNABBEREI

Natürlich kannst du deinen Wachteln oder Hühnern auch bewährte Leckereien und Beschäftigungen anbieten und diese mit Heilungsboostern bereichern. So kombinierst du Beschäftigung und Heilungsförderung und unterstützt gleichzeitig den Bewegungsapparat. Die Knabberstangen von Seite 88 kannst du hervorragend mit dem „SOS-Löffel" oder anderen gesunden Kräutern wie Thymian, Oregano, Minze oder Petersilie aufwerten. Je besser sie den Snack schon kennen, desto leichter werden sie ihn auch in der gesunden Variante annehmen. Das Gleiche gilt für das Abenteuer-Eis von Seite 94: Hier können statt Minz- oder Fruchteis Oregano- oder Thymianeiswürfel kreiert werden.

# Beschäftigung für Zierwachteln

Zierwachteln wie Strauß- und Schopfwachteln, Blauschuppen- oder Zwergwachteln sind in ihrem Habitus noch bedeutend naturnäher als die (lange als Nutztier gezüchteten) Legewachteln. Daher benötigen Zierwachteln mehr Verstecke und im besten Fall auch eine naturnahe, ihren Bedürfnissen entsprechende Einrichtung der Voliere. Diese Bedürfnisse richten sich nach dem natürlichen Lebensraum: Straußwachteln beispielsweise brauchen eine tropische Einrichtung. Schopfwachteln eher Möglichkeiten zum Aufbaumen und Verstecken. Leider sieht die Realität oft anders aus und die meisten Zierwachteln existieren in recht engen Zuchtboxen, wo zwar die Verletzungsgefahr geringer ist und die Tiere vermeintlich besser gesehen und kontrolliert werden können.

Natürlich sind die Beschäftigungsmöglichkeiten, die ihr bisher kennengelernt habt, auch hervorragend für deine Zierwachteln geeignet. Hinzu kommt, dass Zierwachteln auch den oberen Teil der Voliere liebend gern nutzen – vorausgesetzt, es sind Wachtelarten, die gerne aufbaumen. Die bekanntesten Arten hier sind Schopfwachteln, Blauschuppenwachteln und teilweise auch Baumwachteln. Letztere baumen zwar nicht so stark auf wie die ersten beiden, sind aber dennoch bedeutend agiler als es Legewachteln sind. Auch ähnliche Arten, wie beispielsweise Bambushühner, können von kreativen Beschäftigungsideen profitieren. Das Klettergerüst oder das Entdeckergerüst (Seite 49) könnt ihr auch super für Zierwachteln adaptieren – natürlich in angepasster Größe. Auch Bäume, hohe Wurzeln oder der ausrangierte Tannenbaum werden gerne angenommen.

Zierwachteln ziehen Naturmaterialien eindeutig der unnatürlichen Variante vor. So konnte ich über viele Jahre beobachten, dass Sitzmöglichkeiten aus Plastik kaum angenommen werden. Äste, Wurzeln und Co. aber mit dem größten Vergnügen. Und viele Bepflanzungen haben bei Zierwachteln noch bedeutend bessere Chancen, groß und stark zu werden. So wachsen bei mir beispielsweise Salweide, Pfirsich, Haselnuss, Bambus und Birke seit Jahren erfolgreich in den Zierwachtelvolieren.

Da es im Naturell vieler Zierwachteln steckt, sich auch mal gänzlich zurückziehen zu wollen, würde ich immer empfehlen, nicht einsehbare Bereiche in der Voliere zu schaffen. Das kann durch weitestgehend geschlossene Häuschen geschehen, aber ebenso durch Bepflanzungen, Paletten oder ein Pflanzen-Tipi. Auch bei scheuen Legewachteln kann das sehr gut helfen. Durch diesen möglichen Ruhepol werden auch Beschäftigungsmöglichkeiten in der Regel besser angenommen, da das Grundstresslevel geringer ist.

Zierwachteln, wie diese Schopfwachtel, sind in ihrem Bedürfnis nach Deckung noch sehr ursprünglich. Daher sind besonders viele Verstecke angesagt.

Bei einer artgerechten Haltung kann man sich auch bei Zierwachteln über einen großartigen Nachzuchterfolg freuen.

SO KANN DER ABENTEUERSPIELPLATZ FÜR ZIERWACHTELN AUSSEHEN.

1. Mais-Tipi
2. Stämme
3. Baum
4. Tau
5. Wachtelhäuser
6. Holzschaukel
7. frische Beeren
8. Versteck
9. Pickschale
10. Laubhaufen
11. Saatenstrauß
12. Gräser
13. Keimfutter
14. Mooskugel
15. Stammteil
16. Picktöpfchen
17. Gemüsegirlande
18. Sandbad
19. Scharrecke
20. Kräuter
21. Kräutertöpfchen
22. Picktöpfchen
23. frische Äste
24. Baumstamm
25. Gräser

# Die wichtigste Frage zum Schluss: Wie viel Beschäftigung ist denn überhaupt gut?

Nachdem wir uns nun ein ganzes Buch lang damit beschäftigt haben, welch vielseitige Beschäftigungsmöglichkeiten es gibt, möchte ich mit der Frage schließen, wie viel Beschäftigung denn überhaupt gut ist für deine Wachteln und deine Hühner. Kann man seine Lieblinge auch überfordern? Machen wir es kurz und knapp: Ja. Und das passiert gar nicht mal selten.

Hühnervögel sind, wie viele Vögel, sehr sensibel gegenüber Stress. Ein Umdekorieren ist immer ein Stressfaktor für so sensible Tiere. Zweifelsohne ist das Stresslevel aber tierbedingt sehr unterschiedlich. Das hängt vom Naturell deiner Tiere ab und davon, was sie bereits gewohnt sind. Unterm Strich bleiben Umgestaltungen des Lebensraums aber durchaus ein stressiges Erlebnis. Die Kunst bei einer qualitativ hochwertigen Beschäftigung ist also immer: Neue Reize und Impulse zu setzen, ohne dabei Sicherheit und Vertrautheit zu nehmen.

Spätestens bei Glucken sieht man regelmäßig: Hühnervögel haben ihre eigene Definition von „gemütlich". Unser Schönheitsideal und die Vorstellungen der Hühner und Wachteln gehen dabei doch teilweise weit auseinander. Letztendlich sind es aber unsere Tiere, die in den Ställen und Volieren leben. Daher sollten wir ihren „Geschmack" stark berücksichtigen.

## NEUE REIZE JA. REIZÜBERFLUTUNG NEIN.

Deine Wachteln und Hühner sind in der Regel aufgeweckte und neugierige Tierchen. Sie lieben es, neue Highlights in ihrem Stall oder ihrer Voliere zu entdecken. Bezugnehmend auf das eben beschriebene Stresslevel freuen sie sich allerdings mehr über regelmäßige kleinere Highlights in ihrem Zuhause als über seltenere, komplette Grundrestaurierungsaktionen. Wachteln möchten wissen, wo sie sich verstecken können. Fehlt ihnen diese Gewissheit, werden sie schnell unsicher und scheu. Das gilt übrigens auch und besonders für Zierwachteln. Je scheuer die Tiere sind, desto wichtiger ist ihnen die Gewissheit, sich zurückziehen zu können, wenn sie es möchten. Für Hühner zählen Verstecke weniger, wohl aber durchaus Rückzugsbereiche. Auch wenn Hühner und Legewachteln in der Regel zutrauliche und entspannte Tiere sind, so sollte trotzdem jedes Tier sein eigenes Tempo beim Entdecken neuer Strukturen und Beschäftigungsideen wählen dürfen.

Besonders deutlich wird die Sensibilität bei der Naturbrut von Wachteln. Schon ein leichtes Umdekorieren kann dazu führen, dass die Henne die Brut abbricht. Daher gilt: Radikale Umdekorierungen sollten sowohl selten vorkommen und auch im besten Fall nur bei bereits entspannten, angekommenen Tieren. Und: Ich empfehle komplette Umgestaltungsmaßnahmen immer so abzupassen, dass sie nicht mit Leistungsphasen zusammenfallen, also Krankheit, Mauser oder Legebeginn.

Meine ganz persönliche Empfehlung: Meine Tiere bekommen etwa fünfmal die Woche irgendein kleines Highlight. Mal selbst gemachte Picksteine, mal Keimfutter oder frische Kräuter als Strauß gebunden, mal eine Gemüsegirlande oder ein Saatenstrauß, mal ein Spatenstich Erde aus dem Garten oder Würmchen, die selbst gesucht werden müssen. So haben sie einen spannenden Alltag und ich überfordere sie nicht. Bei größeren Beschäftigungsideen, wie einer neuen Wurzel aus dem Wald, Ästen, neu dekorierter Scharrecke usw. lasse ich ihnen zwei bis drei Tage Zeit, sich damit zu arrangieren, und füge während dieser Zeit keine weiteren Dinge hinzu. Außerdem gehe ich Neugestaltungen immer stückchenweise an und lasse meinen

Wachteln und Hühnern immer vertraute Elemente.

Letztendlich sollte es stets das Ziel sein, entspannte, glückliche Wachteln und Hühner zu haben, die lebensfroh und fröhlich durchs Leben gehen. Dafür setze ich mich gerne jeden Tag aufs Neue ein. Ich wünsche euch unheimlich viel Spaß und Freude daran und damit, die hier aufgeführten Ideen nachzumachen und vielleicht sogar noch zu verbessern. Ich freue mich immer, Bilder von euren Kunst- und Meisterwerken zu bekommen. Ich bin gespannt und freue mich auf eure Instagram- oder WhatsApp-Nachrichten.

Wenn das Heim der Hühner und Wachteln abwechslungsreich, naturnah und für die Tiere abenteuerlustig gestaltet ist, werden sie sich rundum wohlfühlen. Auch, wenn es heißt: Heute bitte drinbleiben!

Service

## ÜBER DIE AUTORIN

Anne Baresch liebt und lebt ihren Alltag mit Wachteln und Hühnern. Mit ihren Hühnervögeln, Hunden, Pferden, Katzen, Kaninchen, Meerschweinchen und Co. verfolgt sie einen ganzheitlichen Ansatz in Fütterung, Zucht und Haltung.

Bereits im frühen Kindesalter war sie von Hühnern und Wachteln fasziniert. Heute hält sie stolze elf unterschiedliche Wachtelarten, 15 Hühnerrassen und diverse andere Volierenbewohner wie Chinesische Bambushühner, Prachtfinken, Kanarienvögel, Wellensittiche und Diamanttauben.

Mit ihrem Hang zur gesunden, naturnahen Ernährung machte sie es sich zur Aufgabe, dieses Ziel auch für ihre Tiere umzusetzen. Aus dieser Passion entstand ihr eigenes Wachtel- und Hühnerfutter „Kräuterkorn", viele Toppings, unter anderem „Waldlöffel", „Atemlöffel" und „SOS-Löffel", duftende Kräutermischungen sowie weitere Produkte, die man alle in ihrem eigenen Onlineshop **www.greenpetshop.de** findet.

Wer täglich Neues von Anne erfahren möchte, kann ihr gerne bei Instagram oder Facebook folgen: **@wachtel_anne**. Durch ihre spannenden Einblicke in Haltung und Fütterung ist auch der TV-Sender VOX auf sie aufmerksam geworden, sodass Anne und ihre Wachteln bereits bei der Sendung „hundkatzemaus" zu sehen waren.

## MEIN DANK

Mein größter Dank für dieses Buch gilt meinen Kindern Lotti und Leon, die mit mir viele Stunden Wachteln und Hühner fotografiert haben und nie müde geworden sind, mit mir Wachtel- und Hühner-Muffins zu backen. Die mit mir Kräuter anpflanzen und sammeln und sich jeden Tag neue Highlights für die lieben Tiere überlegen. Ihr habt ein Herz aus Gold und es ist mir ein Vergnügen, mit euch die Tierwelt zu entdecken.

Dankeschön!

# Register

# Weiterführende Informationen

Du hast noch weitergehende Fragen rund um deine Tiere? Hier findest du zusätzliche Informationen und leckere Highlights:

## WACHTEL- UND HÜHNER-LIVE-TALK

Du möchtest mehr zu spannenden, aktuellen Themen erfahren und auch eigene Fragen stellen können? Dann schau doch gerne mal im Wachtel- und Hühner-Live-Talk vorbei. Der findet **jeden Mittwoch um 19 Uhr** auf meinem Instagram-Account **@wachtel_anne** statt.

## BESTES HAUPTFUTTER, DIVERSE „LÖFFEL", HÜHNERLUZERNE UND ANDERE KRÄUTER

„Waldlöffel", „Vitallöffel", „Atemlöffel", „SOS-Löffel", „Immunlöffel" und „Blütenlöffel" sowie das „Kräuterkorn", „Keim mich! Pflanz mich! Pick mich", verschiedene „Warme Näpfchen", die Wachtel- und Hühnerluzerne und vieles mehr findest du in meinem Onlineshop **www.greenpetshop.de**.

Dort findest du alle wichtigen Bestandteile für eine gesunde Fütterung von Wachteln und Hühnern, weitere Rezepte und Tipps & Tricks aus der Natur.

Der Green Pet Shop steht für gesunde, nachhaltige Futtermittel, die sich am Beispiel der Natur orientieren. Dabei sind alle Futtermittel ohne Gentechnik, Soja, künstliche Farb- und Konservierungsmittel und Geschmacksverstärker. Unter dem Motto „Back to the roots" wird mehr Wert auf Klasse anstatt auf Masse gelegt. Du brauchst keine 37 Tütchen für deine Wachteln und Hühner. Wenn es die richtigen Inhaltsstoffe sind, ist weniger mehr!

## WEITERE BEZUGSQUELLEN

**Bird Lamp:** Die findest du leicht im Zoofachhandel und sogar in manchen Baumärkten.
**Futterbälle:** Die findest du im gut sortierten Zoofachhandel.
**Jecuplex Vitalstofflösung:** Sie ist beim Tierarzt oder online im veterinärmedizinischen Fachhandel erhältlich.
**Sandbäder**, die hübsch sind und von Wachteln gut angenommen werden, findest du im Zoofachhandel in der Terrarienabteilung.

## GEFLÜGELPEST-VERORDNUNG

**Bundesministerium der Justiz: Verordnung zum Schutz gegen die Geflügelpest** (Geflügelpest-Verordnung), www.gesetze-im-internet.de/geflpestschv

## BÜCHER ZUM SCHMÖKERN

**Bauer, Wilhelm: Hühnerställe bauen.** Verlag Eugen Ulmer, Stuttgart, 2024.

**Bauer, Yvonne und Wilhelm: Zwerghühner in meinem Garten.** Kleine Hühner artgerecht halten. Verlag Eugen Ulmer, Stuttgart, 2022.

**Bauer, Yvonne und Wilhelm: Hühner. 500 Fragen, 500 Antworten.** Alles, was Sie schon immer über Hühnerhaltung wissen wollten ... und noch viel mehr. Verlag Eugen Ulmer, Stuttgart, 2023.

**Krause, Antje und Bauer, Wilhelm: Garten sucht Hühner.** Die besten Rassen für kleine Gärten. Verlag Eugen Ulmer, Stuttgart, 2018.

**Krause, Antje und Bauer, Wilhelm: Warum Hühner scharren, nicken und picken.** Alles über Verhalten, Gewohnheiten und Marotten. Verlag Eugen Ulmer, Stuttgart, 2021.

**Krause, Antje und Bauer, Wilhelm: Alte Hühnerrassen halten.** Vielfalt fördern. Verlag Eugen Ulmer, Stuttgart, 2023.

**Peitz, Beate und Leopold: Hühner halten.** Glückliche Hühner im eigenen Garten. Verlag Eugen Ulmer, Stuttgart, 2021.

**Sewerin, Dr. Katrin: Hilfe, mein Huhn niest!** Häufige Krankheiten bei Hühnern erkennen und behandeln. Verlag Eugen Ulmer, Stuttgart, 2024.

## MEHR SCHMÖKERN?

Dann schau gerne auf meiner Homepage **www.wachtelanne.de** vorbei. Dort verrate ich viele meiner persönlichen Erfahrungen im Zusammenleben mit den Tieren. Außerdem gibt es spannende Rezepte, Ideen und aktuelle Projekte.

## BILDQUELLEN

Alle Fotos, auch das Titelfoto, stammen von der Autorin, außer:
Künzel, Mandy: Seiten 4 und 123.
Die Zeichnungen auf den Seiten 56/57, 68/69 und 116/117 fertigte Linda Steiner nach Vorgaben der Autorin.
Die Icons auf dem Umschlag stammen von Adobe Stock/Abundzu und Adobe Stock/Jan Engel.
Die Muster stammen von Adobe Stock/Feecat, Adobe Stock/john, Adobe Stock/Unleashed Design, Adobe Stock/Olga und Adobe Stock/perekotypole.

## IMPRESSUM

**Anmerkung zur Schreibweise (Gendering):**
Gendergerechtigkeit und Inklusion sind bei uns gelebte Praxis – bei der Auswahl unserer Themen, bei der Recherchearbeit, in der Gestaltung. Unsere Texte meinen alle. Damit unsere Inhalte jedoch gut lesbar bleiben, verzichten wir in diesem Werk auf die jeweilige Mehrfachnennung oder Anpassung der Schreibweise bestimmter Bezeichnungen an die weibliche, männliche oder diverse Form.

Die in diesem Buch enthaltenen Empfehlungen und Angaben sind von der Autorin mit größter Sorgfalt zusammengestellt und geprüft worden. Eine Garantie für die Richtigkeit der Angaben kann aber nicht gegeben werden. Autorin und Verlag übernehmen keine Haftung für Schäden und Unfälle. Bitte setzen Sie bei der Anwendung der in diesem Buch enthaltenen Empfehlungen Ihr persönliches Urteilsvermögen ein.

Der Verlag Eugen Ulmer ist nicht verantwortlich für die Inhalte der im Buch genannten Websites.

MIX
Papier | Fördert gute Waldnutzung
FSC® C110508
FSC www.fsc.org

**Bibliografische Information der Deutschen Nationalbibliothek**
Die Deutsche Nationalbibliothek verzeichnet diese Publikation in der Deutschen Nationalbibliografie; detaillierte bibliografische Daten sind im Internet über http://dnb.d-nb.de abrufbar.


Wollgrasweg 41, 70599 Stuttgart (Hohenheim)
E-Mail: info@ulmer.de
Internet: www.ulmer-verlag.de
Projektleitung: Antje Munk
Lektorat: Antje Krause
Herstellung: Judith Schumann
Umschlag-Gestaltung, Layout und Satz:
Anette Vogt, red.sign, Stuttgart
Reproduktion: time:ray, Jettingen
Druck und Bindung: Westermann Druck, Zwickau
Printed in Germany

**ISBN 978-3-8186-2368-5**